# MATURA Skript

## Mathematik

AHS

Österreich



STARK

www.stark-verlag.de
1. Auflage 2017

# Inhalt

## Algebra und Geometrie



## Funktionale Abhängigkeiten



## Analysis



## Wahrscheinlichkeit und Statistik

# Vorwort

Liebe Schülerin, lieber Schüler,

dieses handliche Buch bietet Ihnen einen Leitfaden zu allen wesentlichen Inhalten, die Sie in der Mathematikmatura benötigen. Es führt Sie systematisch durch den Stoff, der den Grundkompetenzen zugrunde liegt, und begleitet Sie somit optimal bei Ihrer Vorbereitung. Durch seinen klar strukturierten Aufbau eignet sich dieses Buch besonders zur Auffrischung und Wiederholung des Prüfungsstoffs kurz vor der Matura. Da bei Ihrer Matura die Verwendung eines CAS-Rechners erlaubt ist, werden bei den meisten Beispielen nur Lösungsansätze und Ergebnisse angeführt.

- **Definitionen** und **Regeln** sind durch einen grauen Balken am Rand gekennzeichnet, wichtige **Begriffe** sind durch Fettdruck hervorgehoben.
- Zahlreiche **Abbildungen** veranschaulichen den jeweiligen Lerninhalt.
- Passgenaue **Beispiele** verdeutlichen die Theorie. Sie sind durch das Symbol  gekennzeichnet.
- Zu typischen Grundaufgaben wird die **Vorgehensweise** Schritt für Schritt beschrieben.
- Das **Stichwortverzeichnis** führt schnell und treffsicher zum jeweiligen Stoffinhalt.

Viel Erfolg bei der Maturavorbereitung!

Die Autorinnen
Mag.ª Julia Luksch,
Mag.ª Katharina Luksch,
Mag.ª Magdalena Thaler

Die offiziellen Prüfungsaufgaben der letzten Jahre (Haupttermin) sowie zahlreiche Übungsaufgaben zu beiden Prüfungsteilen mit vollständigen Lösungen zu allen Aufgaben enthält das Buch „Zentral-Matura Mathematik“ (Bestell-Nr. M5000).

# Algebra und Geometrie

## AG 1 Grundbegriffe der Algebra

### Zahlenmengen

**Natürliche Zahlen:** $\mathbb{N} = \{0; 1; 2; 3; \ldots\}$

**Ganze Zahlen:** $\mathbb{Z} = \{\ldots; -2; -1; 0; 1; 2; \ldots\}$

**Rationale Zahlen:** $\mathbb{Q} = \{a, b \in \mathbb{Z}, b \neq 0 \mid \frac{a}{b}\}$

**Reelle Zahlen:** $\mathbb{R} = \mathbb{Q} \cup \mathbb{I}$

**Komplexe Zahlen:** $\mathbb{C} = \{a, b \in \mathbb{R} \mid a + bi\}$, wobei $i^2 = -1$

Die natürlichen Zahlen $\mathbb{N}$ sind diejenigen Zahlen, die man zum Zählen benötigt, inklusive der Null. Zu den ganzen Zahlen $\mathbb{Z}$ gehören zusätzlich die negativen ganzen Zahlen. Alle rationalen Zahlen $\mathbb{Q}$ kann man als Bruch schreiben; das sind endliche oder periodische Dezimalzahlen. Die unendlichen nicht periodischen Dezimalzahlen $\mathbb{I}$ heißen **irrationale Zahlen**. Beispiele dafür sind die Kreiszahl $\pi$ ($\pi = 3{,}1415\ldots$) und die Euler'sche Zahl e ($e = 2{,}7182\ldots$). Die reellen Zahlen $\mathbb{R}$ bestehen aus den rationalen und den irrationalen Zahlen. Zu den komplexen Zahlen $\mathbb{C}$ gehören neben allen reellen Zahlen auch die imaginären Zahlen ($a + bi$ mit $b \neq 0$). Weitere Zahlenmengen sind die Menge $\mathbb{N}_g = \{0; 2; 4; 6; \ldots\}$ der geraden und $\mathbb{N}_u = \{1; 3; 5; 7; \ldots\}$ der ungeraden natürlichen Zahlen.

Beliebige reelle Zahlenmengen werden auf der **Zahlengeraden** dargestellt.

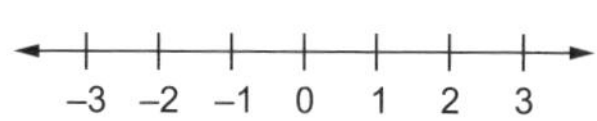


**Venn-Diagramm** der Zahlenmengen:

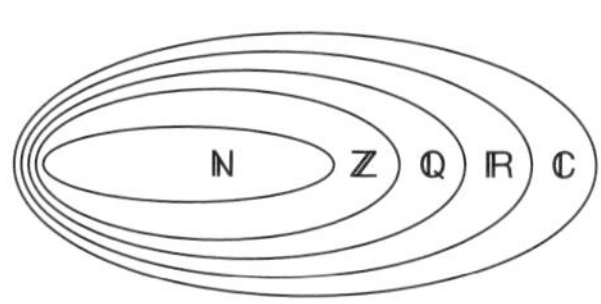

| **Zeichen** | **Zeichenerklärung** |
|---|---|
| $<$ bzw. $>$ | kleiner bzw. größer als |
| $\leq$ bzw. $\geq$ | kleiner als oder gleich bzw. größer als oder gleich |
| $=$ bzw. $\neq$ | ist gleich bzw. ist nicht gleich (ist ungleich) |
| $\in$ bzw. $\notin$ | ist Element bzw. ist kein Element von |
| $\subset$ bzw. $\subseteq$ | ist echte Teilmenge bzw. ist Teilmenge von |
| $\supset$ bzw. $\supseteq$ | ist echte Obermenge bzw. ist Obermenge von |
| $\not\subset$ bzw. $\not\subseteq$ | ist keine echte Teilmenge bzw. ist keine Teilmenge von |
| $\not\supset$ bzw. $\not\supseteq$ | ist keine echte Obermenge bzw. ist keine Obermenge von |
| $\cup$ | vereinigt; Vereinigungsmenge von |
| $\cap$ | geschnitten; Durchschnittsmenge von |
| $\setminus$ | ohne |

- $5<7,\ 3\leq 5,\ 5\leq 5,\ \frac{5}{x}\neq 0$
- $5\in \mathbb{N},\ \frac{1}{3}\notin \mathbb{Z},\ \mathbb{N}\subset\mathbb{Z}\subset\mathbb{Q}\subset\mathbb{R},\ \mathbb{I}=\mathbb{R}\setminus\mathbb{Q}$
- $\{2; 3; 4\}\supset\{3; 4\}$ und $\{2; 3; 4\}\supseteq\{2; 3; 4\}$
- $\mathbb{Q}\cup\mathbb{I}=\mathbb{R},\ \mathbb{N}\setminus\{2\}=\{0; 1; 3; 4; \ldots\}$

1. Setzen Sie $\in$ oder $\notin$ ein, je nachdem ob die gegebene Zahl in der Zahlenmenge enthalten ist oder nicht.

| | $\mathbb{N}$ | $\mathbb{Z}$ | $\mathbb{Q}$ | $\mathbb{R}$ | $\mathbb{I}$ | $\mathbb{C}$ |
|---|---|---|---|---|---|---|
| $-2$ | $\notin$ | $\in$ | $\in$ | $\in$ | $\notin$ | $\in$ |
| $\sqrt{5}$ | $\notin$ | $\notin$ | $\notin$ | $\in$ | $\in$ | $\in$ |
| $\sqrt{36}$ | $\in$ | $\in$ | $\in$ | $\in$ | $\notin$ | $\in$ |
| $5+2i$ | $\notin$ | $\notin$ | $\notin$ | $\notin$ | $\notin$ | $\in$ |

Vorgehen: Vereinfachen, wenn möglich! Nur der Wert von Wurzeln aus einer Quadratzahl ist eine natürliche Zahl, sonst ist dieser Wert irrational.

2. Stellen Sie die Mengen $A=\{-2; -1; 0; 1\}$ und $B=\{x\in \mathbb{R} \mid x\in (-1; 3]\}$ auf der Zahlengeraden dar.

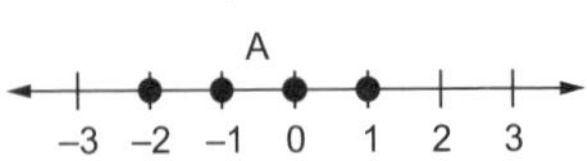


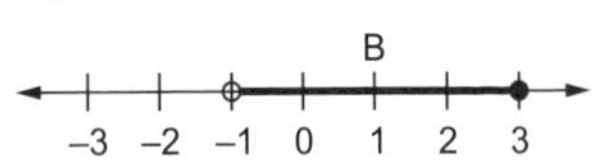

**Variable:** Buchstabe, der Platzhalter für eine unbekannte Zahl oder Größe ist.

**Term:** Sinnvoller mathematischer Ausdruck, der eine Verknüpfung von Zahlen, Variablen, Rechenzeichen und Klammern ist.

**Formel:** Beschreibung eines Zusammenhangs zwischen verschiedenen Größen.

**(Un-)Gleichung:** Mathematische Aussage über die (Un-)Gleichheit zweier Terme.

**Gleichungssystem:** System mehrerer Gleichungen in mehreren Variablen.

**Äquivalenz:** Gleichwertigkeit mehrerer mathematischer Aussagen.

**Äquivalenzumformung:** Umformung einer (Un-)Gleichung, bei der die mathematische Aussage erhalten bleibt und nicht erweitert wird.

**Grundmenge:** Zahlenmenge, die alle sinnvollen Werte für die Variablen enthält.

**Definitionsmenge:** Menge aller Werte, die die Variablen annehmen dürfen, damit die Rechenausdrücke sinnvoll sind.

**Lösbarkeit:** Eine (Un-)Gleichung mit einer Unbekannten ist lösbar, wenn es mindestens eine Zahl gibt, die für die Variable eingesetzt werden kann und die mathematische Aussage erfüllt. Bei zwei Unbekannten handelt es sich um ein Zahlenpaar.

**Lösung(smenge):** Werte von Unbekannten heißen Lösungen, wenn sie die (Un-)Gleichung erfüllen. Alle Lösungen bilden die Lösungsmenge. Hat die (Un-)Gleichung keine Lösung, ist die Lösungsmenge leer: $L = \{\,\}$.

- x, y, a sind Variablen, $x + 2y$, $a^3$ Terme; $3x - 7 = 2$ ist eine Gleichung.
- Die Gleichung $\frac{x^2}{x-1} = 0$ hat die Grundmenge $G = \mathbb{R}$, aber die Definitionsmenge $D = \mathbb{R} \setminus \{1\}$, weil der Nenner nicht 0 sein darf.
- Lösung mittels Äquivalenzumformungen:

$$\begin{aligned} 3x - 10 &= 23 \quad &&| +10 \\ 3x &= 33 \quad &&| :3 \\ x &= 11 \end{aligned}$$

- Für $5x \leq 15$ mit $G = \mathbb{R}$ ist die Lösungsmenge $L = (-\infty; 3]$.

# AG 2 (Un-)Gleichungen und Gleichungssysteme

Für das Aufstellen von Termen und Formeln benötigt man Variablen. Dabei ist zu beachten, dass eine Variable in einer Formel oder in einem Term immer dieselbe Bedeutung hat. Bei Termen und Formeln dürfen nur Äquivalenzumformungen verwendet werden.

Gegeben ist eine Fläche mit unterschiedlichen Unterteilungen. Ordnen Sie den Skizzen die gegebenen Flächeninhaltsberechnungen zu.

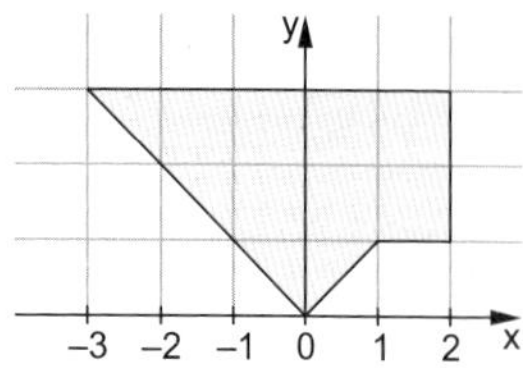


$$A = \underbrace{\frac{3+5}{2} \cdot 2}_{\text{Trapez}} + \underbrace{\frac{2 \cdot 1}{2}}_{\text{Dreieck}}$$

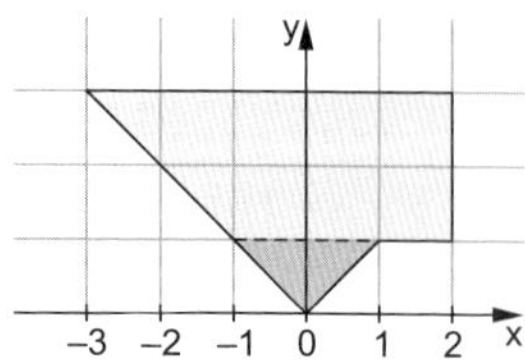


$$A = \underbrace{5 \cdot 3}_{\text{Rechteck}} - \left( \underbrace{\frac{3 \cdot 3}{2}}_{\text{Dreieck}} + \underbrace{\frac{1 \cdot 1}{2}}_{\text{Dreieck}} + \underbrace{1 \cdot 1}_{\text{Quadrat}} \right)$$

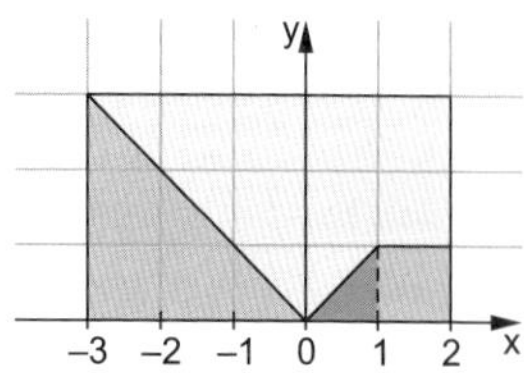


$$A = \underbrace{\frac{3 \cdot 3}{2}}_{\text{Dreieck}} + \underbrace{2 \cdot 2}_{\text{Quadrat}} + \underbrace{\frac{1 \cdot 1}{2}}_{\text{Dreieck}}$$

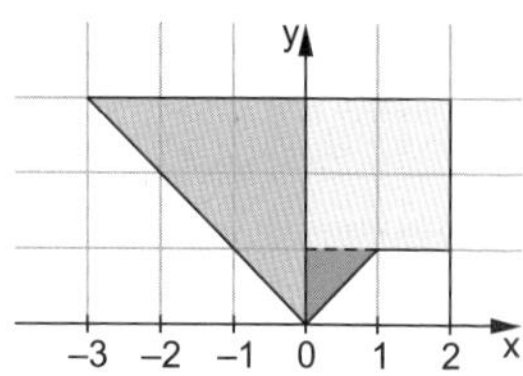

Schreiben Sie die Flächeninhaltsformel für das Trapez explizit an und ermitteln Sie daraus eine Formel für die Seite a.

$$A = \frac{a+c}{2} \cdot h \qquad | \cdot 2$$

$$2 \cdot A = (a+c) \cdot h \qquad | : h$$

$$\frac{2 \cdot A}{h} = a + c \qquad | -c$$

$$\frac{2 \cdot A}{h} - c = a$$

Allgemeine Form einer **linearen Gleichung**

- in einer Variablen:
  $a \cdot x + b = 0, \quad a, b \in \mathbb{R}, a \neq 0$
- in zwei Variablen:
  $a \cdot x + b \cdot y = c, \quad a, b, c \in \mathbb{R}, a, b \neq 0$

Alle linearen Gleichungen können durch Äquivalenzumformungen in die obigen Formen gebracht werden. Eine lineare Gleichung in zwei Variablen kann auch als Funktionsgleichung einer linearen Funktion interpretiert und grafisch als Gerade dargestellt werden.

Die Umrechnung von °C (Variable x) in °F (Variable y) erfolgt mithilfe der Gleichung $y = 1{,}8x + 32$.

a) Bringen Sie diese Gleichung in die allgemeine Form.
b) Formen Sie die Gleichung nach x um.
c) Rechnen Sie 25 °F in °C um.

*Lösung:*

a) $-1{,}8x + y = 32$

b) $x = \frac{y - 32}{1{,}8}$

c) $x = \frac{25 - 32}{1{,}8} = \frac{-7}{1{,}8} = -\frac{35}{9} \approx -3{,}9$

25 °F entsprechen ungefähr –3,9 °C.

Eine **quadratische Gleichung** hat die Form
$ax^2 + bx + c = 0, \quad a, b, c \in \mathbb{R}, a \neq 0.$

Die Gleichung kann auch normiert werden:
$x^2 + \frac{b}{a}x + \frac{c}{a} = 0$

Beim Lösen quadratischer Gleichungen können neben dem allgemeinen Fall zwei Spezialfälle betrachtet werden.

**Gleichung vom Typ $ax^2 + c = 0$ (Fall $b = 0$)**
Reelle Lösungen gibt es nur, wenn a und c verschiedene Vorzeichen haben (also wenn a positiv und c negativ ist oder umgekehrt).
Umformung zu: $x^2 = -\frac{c}{a}$
Um die Gleichung zu lösen, wird die Wurzel gezogen. Man erhält eine positive Lösung $x_1 = +\sqrt{-\frac{c}{a}}$ und eine negative Lösung $x_2 = -\sqrt{-\frac{c}{a}}$
oder bei $c = 0$ die Doppellösung $x = 0$.

**Gleichung vom Typ $ax^2 + bx = 0$ (Fall $c = 0$)**
Um die Gleichung zu lösen, muss x herausgehoben werden, wodurch ein Produkt zweier Linearfaktoren entsteht (Produkt-Null-Satz: Ist einer der Linearfaktoren 0, ist der Wert des Produkts 0.).
$x \cdot (ax + b) = 0 \quad \Rightarrow \quad x = 0 \vee ax + b = 0 \quad \Rightarrow \quad x_1 = 0, \; x_2 = -\frac{b}{a}$

**Gleichung vom Typ $ax^2 + bx + c = 0$ (allgemeiner Fall)**
Die Gleichung wird mit der sogenannten **„großen Lösungsformel“**

$$x_{1,2} = \frac{-b \pm \sqrt{b^2 - 4ac}}{2a}$$

gelöst.
In der normierten Form $x^2 + px + q = 0$ (mit $p = \frac{b}{a}$, $q = \frac{c}{a}$) kann sie mit der sogenannten **„kleinen Lösungsformel“**

$$x_{1,2} = -\frac{p}{2} \pm \sqrt{\left(\frac{p}{2}\right)^2 - q}$$

gelöst werden.
Der Ausdruck $b^2 - 4ac$ bzw. $\left(\frac{p}{2}\right)^2 - q$ unter der Wurzel wird als Diskriminante D bezeichnet.

- Ist $D > 0$, so hat die Gleichung zwei reelle Lösungen.
- Ist $D = 0$, so hat die Gleichung eine reelle Lösung (Doppellösung).
- Ist $D < 0$, so hat die Gleichung keine reelle Lösung (sondern zwei konjugiert komplexe Lösungen).

Die Lösungen von quadratischen Gleichungen sind die Nullstellen des zugehörigen Funktionsgraphen.

Gegeben ist die Gleichung $3x^2-24x=-21$. Interpretieren Sie die Lösung(en) grafisch.

*Lösung:*

$$3x^2-24x=-21$$
$$3x^2-24x+21=0 \quad |:3$$
$$x^2-8x+7=0$$

$$x_{1,2}=-\left(-\frac{8}{2}\right)\pm\sqrt{\left(-\frac{8}{2}\right)^2-7}$$

$x_1=1,\ x_2=7$

Der Funktionsgraph von f(x) hat an den Stellen $x_1=1$ und $x_2=7$ Nullstellen.

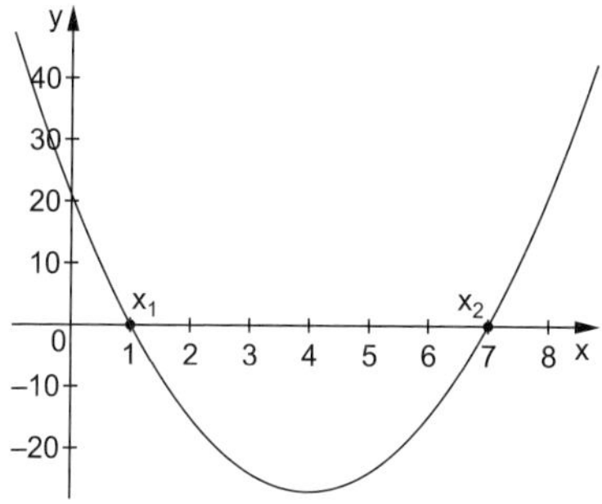


Für welche $c \in \mathbb{R}$ hat die Gleichung $x^2-c\cdot x+\frac{1}{4}=0$ keine reelle, genau eine reelle bzw. zwei reelle Lösungen?

*Lösung:*

$$x_{1,2}=\frac{c}{2}\pm\sqrt{\frac{c^2}{4}-\frac{1}{4}}$$

Diskriminante $D=\frac{c^2}{4}-\frac{1}{4}=\frac{1}{4}(c^2-1)$

Keine reelle Lösung: $D<0 \Rightarrow c^2<1 \Rightarrow -1<c<1$

Genau eine reelle Lösung: $D=0 \Rightarrow c^2=1 \Rightarrow c=\pm 1$

Zwei reelle Lösungen: $D>0 \Rightarrow c^2>1 \Rightarrow c<-1 \vee c>1$

Eine **lineare Ungleichung** in einer Variablen hat eine der folgenden fünf Formen, wobei $a, b \in \mathbb{R}$, $a \neq 0$:

$a\cdot x+b<0$; $a\cdot x+b\leq 0$; $a\cdot x+b>0$; $a\cdot x+b\geq 0$; $a\cdot x+b\neq 0$

Ungleichungen können durch Äquivalenzumformungen gelöst werden. Multipliziert man eine Ungleichung mit einer negativen Zahl oder dividiert man durch eine negative Zahl, dreht sich das Ungleichheitszeichen um (z. B. wird aus einem ≥ ein ≤; nur das ≠ bleibt unverändert).

Für welche $x \in \mathbb{R}$ gilt $-2(x-3) \leq 12$?

*Lösungsweg:*

$-2x + 6 \leq 12$

$-2x \leq 6 \quad |:(-2)$

$x \geq -3$

Lösungsmenge:

$L = \{x \in \mathbb{R} \mid x \geq -3\}$

Darstellung auf der **Zahlengeraden**:

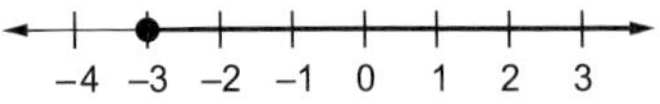


Ein **lineares Gleichungssystem** besteht aus zwei linearen Gleichungen in zwei Variablen:

I: $a_1x + b_1y = c_1$

II: $a_2x + b_2y = c_2$,

wobei jeweils einer der Koeffizienten $a_1$, $a_2$ bzw. $b_1$, $b_2$ ungleich 0 sein muss.

| Das Gleichungssystem hat entweder: | keine Lösung | genau eine Lösung (Zahlenpaar) | unendlich viele Lösungen |
|---|---|---|---|
| Die Lösungsmenge des Gleichungssystems ist: | $L = \{\}$ | $L=\{(X \mid Y)\}$ | $L = \{x, y \in \mathbb{R} \mid a_1x + b_1y = c_1\}$ |
| Die Gleichungen können als Funktionsgleichungen linearer Funktionen aufgefasst werden, deren Graphen … | parallel sind. | sich schneiden. | ident sind. |
| Für Gleichungen in der Form $y = kx + d$ gilt: | $k_1 = k_2$ und $d_1 \neq d_2$ | $k_1 \neq k_2$ | $k_1 = k_2$ und $d_1 = d_2$ |

Zum Lösen eines Gleichungssystems gibt es das Gleichsetzungs-, das Einsetz- und das Eliminationsverfahren.

- Gleichsetzungsverfahren:

I: $\mathbf{y} = 3x - 4$

II: $\mathbf{y} = -x + 2$

$3x - 4 = -x + 2$

$4x = 6$

$x = 1{,}5$

in II: $\mathbf{y} = -1{,}5 + 2 = 0{,}5$

Lösung: $L = \{(1{,}5 \mid 0{,}5)\}$

- Einsetzverfahren:

  I: $2x + 5\mathbf{y} = 13$

  II: $\mathbf{y} = -2x + 1$

$$2x + 5(-2x + 1) = 13$$
$$2x - 10x + 5 = 13$$
$$x = -1$$

in II: $\mathbf{y} = -2 \cdot (-1) + 1 = 3$

Lösung: $L = \{(-1 \mid 3)\}$

- Eliminationsverfahren:

  I: $4x + 3y = -8$

  II: $2x - 2y = 3$

  Strategie: Eine Gleichung wird mit einer Zahl so multipliziert, dass alle x *oder* alle y bei der Addition „wegfallen" („eliminiert" werden).

I: $4x + 3y = -8$

II: $2x - 2y = 3 \quad |\cdot(-2)$

I: $4x + 3y = -8 \quad +$

II: $-4x + 4y = -6$

I + II: $7y = -14 \quad |:7$

$$y = -2$$

in II: $2x - 2 \cdot (-2) = 3$

$$x = -0{,}5$$

Lösung: $L = \{(-0{,}5 \mid -2)\}$

# AG 3 Vektoren

Viele Sachverhalte lassen sich nicht allein durch eine einzige Zahl beschreiben, sondern nur durch mehrere Zahlen.

- monatliche Einnahmen und Ausgaben von Jugendlichen:

| | Julia | Kathi | Leni |
|---|---|---|---|
| $\begin{pmatrix} \text{Einnahmen} \\ \text{Ausgaben} \end{pmatrix}$ | $\begin{pmatrix} 50 \\ 35 \end{pmatrix}$ | $\begin{pmatrix} 25 \\ 20 \end{pmatrix}$ | $\begin{pmatrix} 100 \\ 95 \end{pmatrix}$ |

- Lagerbestand von drei Firmen:

| | Firma 1 | Firma 2 | Firma 3 |
|---|---|---|---|
| $\begin{pmatrix} \text{Ware 1} \\ \text{Ware 2} \\ \text{Ware 3} \end{pmatrix}$ | $\begin{pmatrix} 550 \\ 1468 \\ 765 \end{pmatrix}$ | $\begin{pmatrix} 350 \\ 1254 \\ 565 \end{pmatrix}$ | $\begin{pmatrix} 700 \\ 1880 \\ 935 \end{pmatrix}$ |

- Zwei Punkte A, B in der Ebene bzw. zwei Punkte C, D im Raum:

| | A | B |
|---|---|---|
| $\begin{pmatrix}\text{1. Koordinate}\\ \text{2. Koordinate}\end{pmatrix}$ | $\begin{pmatrix}2\\5\end{pmatrix}$ | $\begin{pmatrix}-1\\4\end{pmatrix}$ |

| | C | D |
|---|---|---|
| $\begin{pmatrix}\text{x-Koordinate}\\ \text{y-Koordinate}\\ \text{z-Koordinate}\end{pmatrix}$ | $\begin{pmatrix}1\\2\\3\end{pmatrix}$ | $\begin{pmatrix}-4\\0\\7\end{pmatrix}$ |

Ein Greißler bezieht seine Äpfel von drei Biobauern, wobei der erste im September 40 kg liefert, der zweite 55 kg und der dritte 25 kg. Der Vektor $\vec{a}$ gibt an, wie viele Kilogramm Äpfel der Greißler im September bezieht.

Der Vektor $\vec{a}$ lautet: $\vec{a} = \begin{pmatrix}40\\55\\25\end{pmatrix}$

Ein **Vektor** ist ein Zahlentupel (z. B. Zahlenpaar oder Zahlentripel) und beschreibt im Koordinatensystem einen Weg.
Geometrisch gesehen ist ein Vektor eine Menge von gleich gerichteten, gleich orientierten und gleich langen Pfeilen. Der Anfangspunkt eines Vektors heißt Schaft, der Endpunkt Spitze.
Ein Vektor ist z. B. durch seinen Anfangs- und Endpunkt gegeben. Er wird mit der Regel „Spitze minus Schaft“ berechnet.

$A = (1|5),\ B = (3|6),\ \overrightarrow{AB} = \begin{pmatrix}3-1\\6-5\end{pmatrix} = \begin{pmatrix}2\\1\end{pmatrix}$

Die Koordinaten paralleler Vektoren $\vec{a} \parallel \vec{b}$ sind Vielfache voneinander (Nullvektor ausgenommen), z. B.: $\vec{a} = \begin{pmatrix}3\\-2\end{pmatrix}$, $\vec{b} = \begin{pmatrix}6\\-4\end{pmatrix} = 2 \cdot \vec{a}$

Zeichnen Sie den Vektor $\vec{a} = \begin{pmatrix}3\\-2\end{pmatrix}$ im gegebenen Koordinatensystem ein.

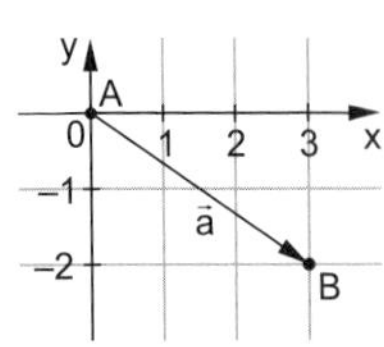


Der Vektor kann ausgehend von einem frei gewählten Punkt eingezeichnet werden, z. B. vom Koordinatenursprung aus 3 in x-Richtung (nach rechts, weil das Vorzeichen positiv ist) und dann –2 in y-Richtung (nach unten, weil das Vorzeichen negativ ist).

Der Vektor $\vec{a}$ (im letzten Beispiel) heißt auch Vektor $\overrightarrow{AB}$ und hat dieselben Koordinaten wie der Punkt B, da er im Ursprung seinen Schaft hat. Er wird auch **Ortsvektor** von B genannt.

Lesen Sie die Koordinaten der drei gegebenen Vektoren ab.
Starten Sie dazu stets beim Schaft des Vektors.
Beginnen Sie mit der x-Richtung. Lesen Sie dann die y-Richtung zu seiner Spitze ab.

$\overrightarrow{AB} = \begin{pmatrix} 4 \\ 2 \end{pmatrix}$, $\overrightarrow{BC} = \begin{pmatrix} -1 \\ -6 \end{pmatrix}$, $\overrightarrow{CA} = \begin{pmatrix} -3 \\ 4 \end{pmatrix}$

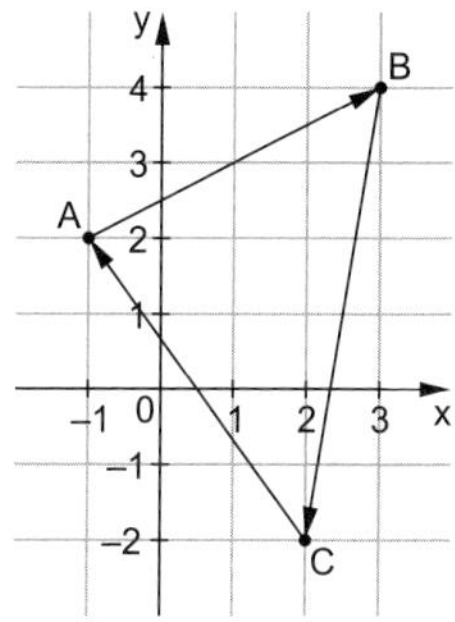


## Addition und Subtraktion zweier Vektoren

Zwei Vektoren werden koordinatenweise addiert und subtrahiert:

$$\vec{a} \pm \vec{b} = \begin{pmatrix} x_a \\ y_a \end{pmatrix} \pm \begin{pmatrix} x_b \\ y_b \end{pmatrix} = \begin{pmatrix} x_a \pm x_b \\ y_a \pm y_b \end{pmatrix} \text{ bzw. } \vec{a} \pm \vec{b} = \begin{pmatrix} x_a \\ y_a \\ z_a \end{pmatrix} \pm \begin{pmatrix} x_b \\ y_b \\ z_b \end{pmatrix} = \begin{pmatrix} x_a \pm x_b \\ y_a \pm y_b \\ z_a \pm z_b \end{pmatrix}$$

Gegeben sind die Vektoren $\vec{a} = \begin{pmatrix} 1 \\ 2 \end{pmatrix}$ und $\vec{b} = \begin{pmatrix} -2 \\ 3 \end{pmatrix}$. Berechnen Sie $\vec{a} + \vec{b}$ und $\vec{a} - \vec{b}$ und stellen Sie die Rechnungen im Koordinatensystem dar.

*Lösung:*

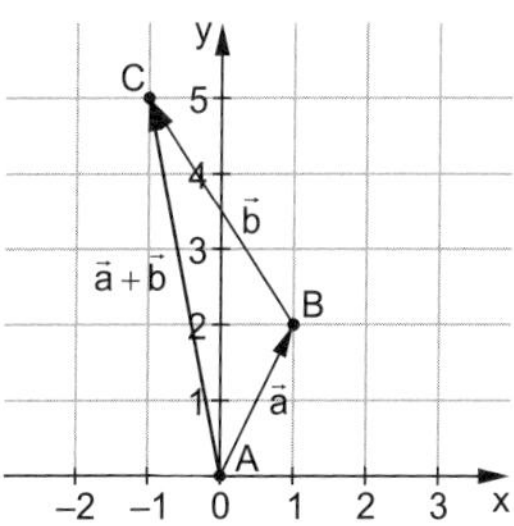


$\vec{a} + \vec{b} = \begin{pmatrix} 1 \\ 2 \end{pmatrix} + \begin{pmatrix} -2 \\ 3 \end{pmatrix} = \begin{pmatrix} 1-2 \\ 2+3 \end{pmatrix} = \begin{pmatrix} -1 \\ 5 \end{pmatrix}$

Geometrisch ermittelt man den Summenvektor, indem man den Vektor $\vec{b}$ an den Vektor $\vec{a}$ anhängt. Der Summenvektor wird vom Schaft des ersten Vektors zur Spitze des zweiten Vektors gezeichnet.

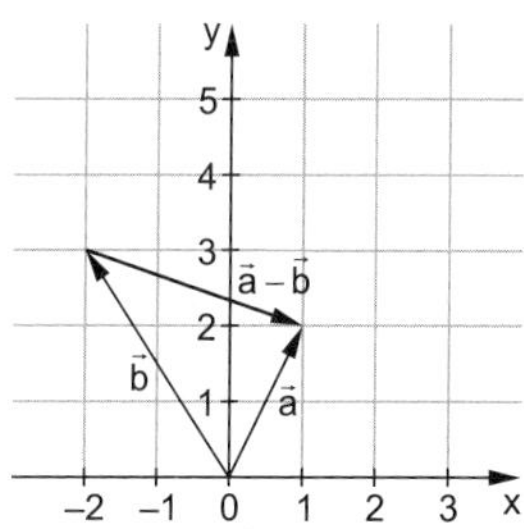


$\vec{a} - \vec{b} = \begin{pmatrix} 1 \\ 2 \end{pmatrix} - \begin{pmatrix} -2 \\ 3 \end{pmatrix} = \begin{pmatrix} 1+2 \\ 2-3 \end{pmatrix} = \begin{pmatrix} 3 \\ -1 \end{pmatrix}$

Geometrisch ermittelt man den Differenzvektor von $\vec{a}$ und $\vec{b}$, indem man die beiden Vektoren von einem gemeinsamen Punkt aus einzeichnet. Der Differenzvektor ist dann die Verbindung der zweiten Spitze mit der ersten.

## Multiplikation mit einem Skalar

Ein Vektor $\vec{a}$ wird mit einer reellen Zahl r (= Skalar) multipliziert, indem man jede einzelne Koordinate mit dieser Zahl multipliziert:

$$r \cdot \vec{a} = r \cdot \begin{pmatrix} x_a \\ y_a \end{pmatrix} = \begin{pmatrix} r \cdot x_a \\ r \cdot y_a \end{pmatrix} \text{ bzw. } r \cdot \vec{a} = r \cdot \begin{pmatrix} x_a \\ y_a \\ z_a \end{pmatrix} = \begin{pmatrix} r \cdot x_a \\ r \cdot y_a \\ r \cdot z_a \end{pmatrix}$$

Geometrisch bedeutet dies eine Verkürzung ($0 < |r| < 1$) bzw. Verlängerung ($|r| > 1$) des Anfangsvektors (Nullvektor ausgenommen). Bei negativen Faktoren ändert sich auch die Orientierung des Vektors.

$\vec{a} = \begin{pmatrix} 1 \\ 2 \end{pmatrix}$, $r \in \{-1;\ -0{,}5;\ 0{,}5;\ 2\}$

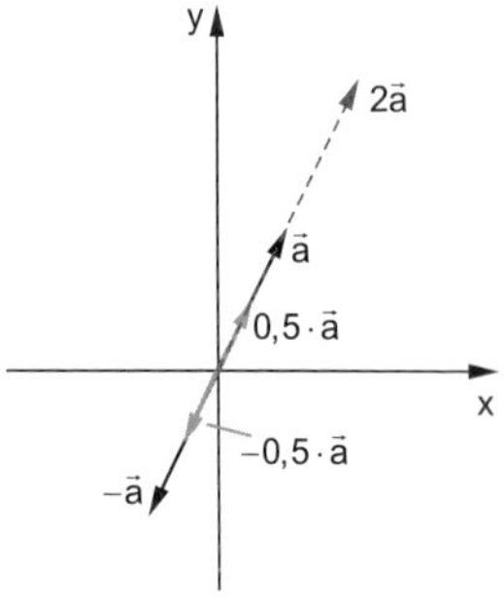


## Skalarmultiplikation

Für die **Skalarmultiplikation** zweier Vektoren $\vec{a}$ und $\vec{b}$ gilt:

$$\vec{a} \cdot \vec{b} = \begin{pmatrix} x_a \\ y_a \end{pmatrix} \cdot \begin{pmatrix} x_b \\ y_b \end{pmatrix} = x_a \cdot x_b + y_a \cdot y_b \text{ bzw.}$$

$$\vec{a} \cdot \vec{b} = \begin{pmatrix} x_a \\ y_a \\ z_a \end{pmatrix} \cdot \begin{pmatrix} x_b \\ y_b \\ z_b \end{pmatrix} = x_a \cdot x_b + y_a \cdot y_b + z_a \cdot z_b$$

Das Ergebnis ist eine reelle Zahl.

Ist das Ergebnis dieser Skalarmultiplikation null, dann schließen die Vektoren $\vec{a}$ und $\vec{b}$ einen rechten Winkel ein:

$$\vec{a} \perp \vec{b} \quad \Leftrightarrow \quad \vec{a} \cdot \vec{b} = 0$$

Die Vektoren $\vec{a} = \begin{pmatrix} 5 \\ 1 \end{pmatrix}$ und $\vec{b} = \begin{pmatrix} -3 \\ y_b \end{pmatrix}$ stehen aufeinander normal.

Berechnen Sie die fehlende Koordinate des Vektors $\vec{b}$.

*Lösung:*

Es muss $\vec{a} \cdot \vec{b} = 0$ gelten: $\begin{pmatrix} 5 \\ 1 \end{pmatrix} \cdot \begin{pmatrix} -3 \\ y_b \end{pmatrix} = 0 \Rightarrow 5 \cdot (-3) + 1 \cdot y_b = 0 \Rightarrow y_b = 15$

Ein Betrieb erzeugt in zwei aufeinanderfolgenden Jahren jeweils zwei Waren. Die Stückzahlenvektoren lauten für das erste Jahr $\vec{s}_1 = \binom{100}{80}$ und für das zweite Jahr $\vec{s}_2 = \binom{85}{70}$.

a) Geben Sie an, wie viel Stück von diesen zwei Waren in den zwei Jahren insgesamt produziert wurden.

b) Die Gesamtproduktionskosten in den beiden Jahren betrugen $K_1 = 41\,000$ € und $K_2 = 35\,250$ €, wobei $\vec{s}_1 \cdot \vec{p} = K_1$ und $\vec{s}_2 \cdot \vec{p} = K_2$ gilt. Beschreiben Sie, was der Vektor $\vec{p}$ angibt, und berechnen Sie diesen.

*Lösung:*

a) $\vec{s}_1 + \vec{s}_2 = \binom{100}{80} + \binom{85}{70} = \binom{185}{150}$

In den zwei Jahren wurden 185 Stück der ersten Ware und 150 Stück der zweiten produziert.

b) $\vec{p}$ gibt die Produktionskosten für jeweils ein Stück pro Ware in einem Jahr an. Berechnung:

$$\vec{s}_1 \cdot \vec{p} = K_1 \quad \Rightarrow \quad \binom{100}{80} \cdot \binom{p_1}{p_2} = 41\,000 \quad \Rightarrow \quad 100 \cdot p_1 + 80 \cdot p_2 = 41\,000$$

$$\vec{s}_2 \cdot \vec{p} = K_2 \quad \Rightarrow \quad \binom{85}{70} \cdot \binom{p_1}{p_2} = 35\,250 \quad \Rightarrow \quad 85 \cdot p_1 + 70 \cdot p_2 = 35\,250$$

Gleichungssystem von 2 Gleichungen in 2 Variablen lösen:

$$p_1 = 250, \; p_2 = 200 \quad \Rightarrow \quad \vec{p} = \binom{250}{200}$$

Die Produktion von einem Stück der ersten Ware kostet 250 €, von einem Stück der zweiten Ware 200 €.

## Normalvektoren im $\mathbb{R}^2$

Gegeben ist ein Vektor $\vec{a} = \binom{x_a}{y_a}$ (Nullvektor ausgenommen).

Die Vektoren $\vec{a}_\ell = \binom{-y_a}{x_a}$ (links gekippt) und $\vec{a}_r = \binom{y_a}{-x_a}$ (rechts gekippt) sind zum Vektor $\vec{a}$ normal.

Strategie: Man vertauscht die Koordinaten und wechselt zugleich bei einer Koordinate das Vorzeichen.

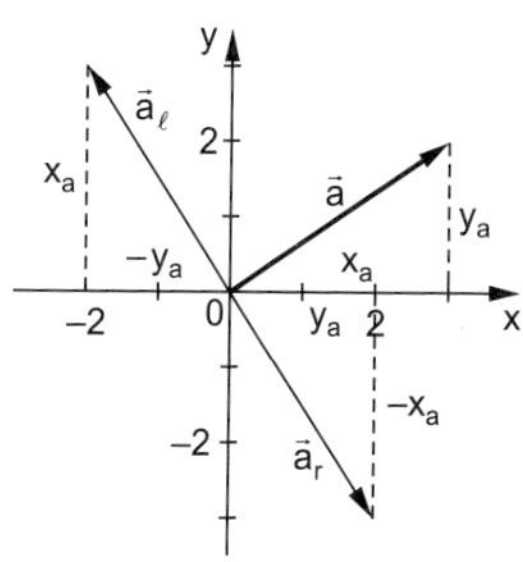

Geben Sie einen Normalvektor zum Vektor $\vec{a} = \begin{pmatrix} 3 \\ 2 \end{pmatrix}$ an.

*Lösung:*

$\vec{a}_\ell = \begin{pmatrix} -2 \\ 3 \end{pmatrix}$ oder $\vec{a}_r = \begin{pmatrix} 2 \\ -3 \end{pmatrix}$ oder Vielfache davon

Zeigen Sie, dass das Parallelogramm mit den Eckpunkten A(–3 | 0), B(2 | 0), C(5 | 4) und D(0 | 4) auch eine Raute ist.

*Lösung:*

Eine Raute hat zusätzlich zu den Eigenschaften eines Parallelogramms orthogonale (normale) Diagonalen. Zu überprüfen ist also die Lage der Diagonalen zueinander:

$\overrightarrow{AC} = \begin{pmatrix} 8 \\ 4 \end{pmatrix}$, $\overrightarrow{BD} = \begin{pmatrix} -2 \\ 4 \end{pmatrix}$, $\overrightarrow{AC} \cdot \overrightarrow{BD} = 8 \cdot (-2) + 4 \cdot 4 = 0$

Das Skalarprodukt der Diagonalvektoren ist null, daher schließen sie einen rechten Winkel ein. Das Parallelogramm ist somit auch eine Raute.

## Parametergleichungen in $\mathbb{R}^2$ und $\mathbb{R}^3$

Eine **Gerade** g ist durch einen Punkt P und einen Richtungsvektor $\vec{r}$ festgelegt und kann in der Ebene und im Raum in einer Parametergleichung dargestellt werden:

$g\colon\ X = P + t \cdot \vec{r},\ t \in \mathbb{R}$

t heißt Parameter der Geraden.

Für $\vec{r}$ können zwei beliebige Punkte der Geraden gewählt und deren Differenz gebildet werden. Jeder Punkt X der Geraden g kann durch die Summe von P mit einem Vielfachen des Vektors $\vec{r}$ dargestellt werden. Somit erfüllt jeder Punkt X der Geraden die Gleichung.

Lesen Sie aus der Zeichnung die Gleichung der Geraden g ab.

$g\colon\ X = \begin{pmatrix} -1 \\ 1 \end{pmatrix} + t \cdot \begin{pmatrix} 2 \\ 1 \end{pmatrix}$

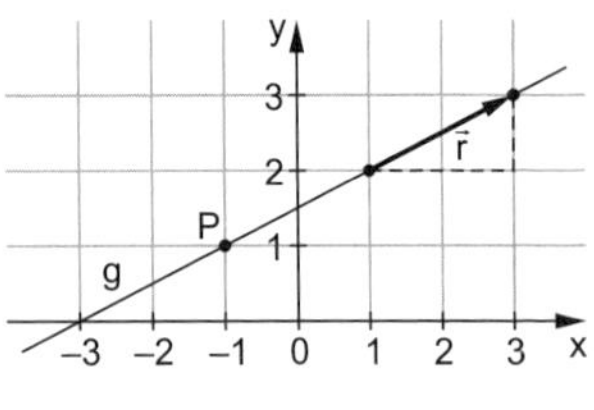

Geben Sie eine Parametergleichung der Geraden durch die Punkte A(3|4|5) und B(4|9|13) an.

Ansatz: g: $X = A + t \cdot \overrightarrow{AB}$

Die Parametergleichung lautet:

$$g\colon\ X = \begin{pmatrix} 3 \\ 4 \\ 5 \end{pmatrix} + t \cdot \begin{pmatrix} 1 \\ 5 \\ 8 \end{pmatrix}$$

## Allgemeine Geradengleichung im $\mathbb{R}^2$

Die **allgemeine Geradengleichung im $\mathbb{R}^2$** lautet g: $a \cdot x + b \cdot y = c$, wobei die Koeffizienten a und b die Koordinaten des Normalvektors $\vec{n} = \binom{a}{b}$ von g sowie x und y die Koordinaten aller Punkte $X = (x \mid y)$ auf g sind und c das Ergebnis der Skalarmultiplikation von $\binom{a}{b} \cdot \binom{x}{y}$ ist.

Schreiben Sie die Parametergleichung zeilenweise an und eliminieren Sie den Parameter t:

$$g\colon\ \binom{x}{y} = \binom{-1}{1} + t \cdot \binom{2}{1}$$

$x = -1 + t \cdot 2$

$y = 1 + t \cdot 1 \qquad | \cdot 2$ und die Gleichungen subtrahieren

g: $x - 2y = -3$ allgemeine Geradengleichung

Die Koeffizienten von x und y entsprechen dem Normalvektor $\vec{n} = \binom{1}{-2}$ der Geraden g.

## Normalvektorform einer Geraden im $\mathbb{R}^2$

Die Gleichung der Normalvektorform einer Geraden g lautet $\vec{n} \cdot X = \vec{n} \cdot P$, wobei $\vec{n}$ ein Normalvektor und P ein gegebener Punkt der Geraden sind und X für alle weiteren Punkte der Geraden steht.

Für das obige Beispiel lautet die Normalvektorform:

$$g\colon\ \binom{1}{-2} \cdot X = \binom{1}{-2} \cdot \binom{-1}{1}$$

Die rechte Seite der Gleichung kann ausgerechnet werden:

$$g\colon\ \binom{1}{-2} \cdot X = -3$$

Kreuzen Sie an, welche Geradengleichungen im $\mathbb{R}^2$ und $\mathbb{R}^3$ möglich sind.

| | $\mathbb{R}^2$ | $\mathbb{R}^3$ |
|---|---|---|
| Parametergleichung | ✗ | ✗ |
| Allgemeine Gleichung | ✗ | |
| Normalvektorform | ✗ | |

## Lagebeziehungen von Punkten und Geraden im $\mathbb{R}^2$ und $\mathbb{R}^3$

Liegt ein Punkt auf einer Geraden, dann erfüllt er die Geradengleichung.

Zeigen Sie, dass der Punkt Q(1 | –6 | –11) auf der Geraden

$g\colon\ X = \begin{pmatrix} 3 \\ 4 \\ 5 \end{pmatrix} + t \cdot \begin{pmatrix} 1 \\ 5 \\ 8 \end{pmatrix}$ liegt.

*Lösung:*

Q für X in g einsetzen, zeilenweise anschreiben und jeweils t berechnen:

$$\begin{aligned} 1 &= 3 + t & &\Rightarrow & t &= -2 \\ -6 &= 4 + 5t & &\Rightarrow & t &= -2 \\ -11 &= 5 + 8t & &\Rightarrow & t &= -2 \end{aligned}$$

t ist –2 (in allen drei Zeilen), somit liegt Q auf g.
Wäre t in den Zeilen unterschiedlich, würde der Punkt nicht auf der Geraden g liegen.

Liegt der Punkt A(3 | 1) auf der Geraden g: $x - 2y = -3$?

*Lösung:*

Nein, denn wird A in die Geradengleichung eingesetzt, $3 - 2 \cdot 1 = -3$, liefert dies eine falsche Aussage.

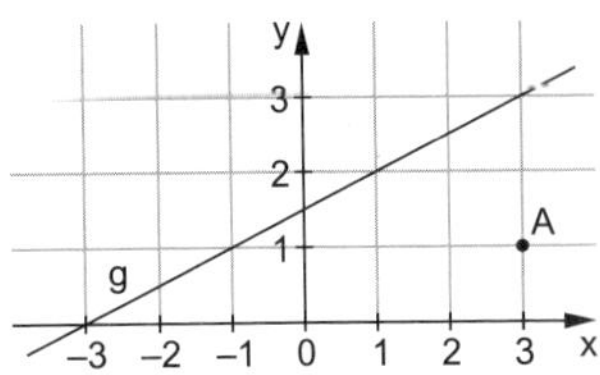


## Lagebeziehungen von Geraden im $\mathbb{R}^2$

Geraden in der Ebene können **ident**, zueinander **parallel** oder **schneidend** sein. Die Lage von Geraden im $\mathbb{R}^2$ erkennt man am besten in der allgemeinen Form der Geradengleichungen.

Die Vorgehensweise bei Geraden in Parametergleichung wird im nächsten Abschnitt im $\mathbb{R}^3$ gezeigt.

Gegeben ist die Gerade g: $x - 2y = -3$. Geben Sie eine idente, eine parallele und eine schneidende Gerade zu g an.

*Lösung:*

**ident:** h: $2x - 4y = -6$

Sowohl die Koeffizienten von x und y als auch das absolute Glied der Gleichungen g und h sind Vielfache voneinander (Faktor 2).

**parallel:** p: $2x - 4y = -3$

Die Koeffizienten von x und y aus den Gleichungen g und p sind Vielfache voneinander (Faktor 2), d. h., die Geraden haben denselben Normalvektor, sind also parallel oder ident. Die absoluten Glieder von g und p sind nicht Vielfache mit demselben Faktor (1 statt 2), deshalb liegen g und p parallel zueinander.

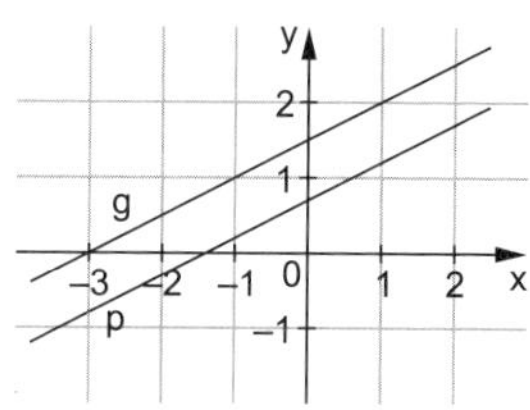


**schneidend:** s: $2x + y = -1$

Die Koeffizienten der beiden Gleichungen dürfen keine Vielfachen voneinander sein.

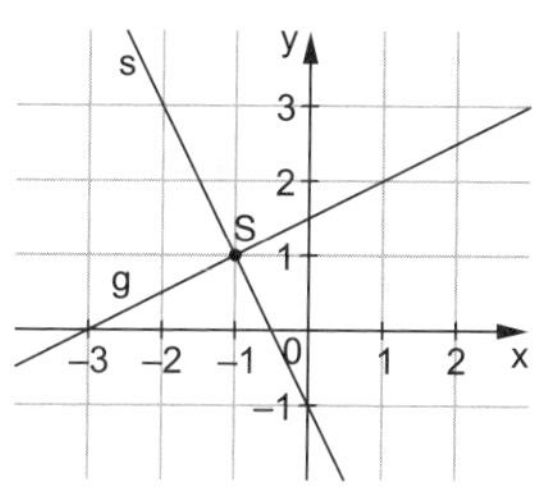


Berechnen Sie den Schnittpunkt der Geraden g: $x - 2y = -3$ und s: $2x + y = -1$.

Dazu löst man das Gleichungssystem:

I: $x - 2y = -3$

II: $2x + y = -1 \quad | \cdot 2$ und die Gleichungen addieren

$5x = -5$

$x = -1,\ y = 1 \quad \Rightarrow$ Der Schnittpunkt S hat die Koordinaten $(-1\,|\,1)$.

## Lagebeziehungen zweier Geraden im $\mathbb{R}^3$

Im Raum können zwei Geraden **ident**, **parallel**, **schneidend** oder **windschief** liegen. Idente und parallele Geraden haben parallele Richtungs- und Normalvektoren.

Zeigen Sie, dass die Geraden

$$g\colon\ X=\begin{pmatrix}3\\4\\5\end{pmatrix}+t\cdot\begin{pmatrix}1\\5\\8\end{pmatrix}\ \text{und}\ h\colon\ X=\begin{pmatrix}4\\-1\\13\end{pmatrix}+s\cdot\begin{pmatrix}1\\3\\-2\end{pmatrix}$$

keinen gemeinsamen Punkt haben.

*Lösung:*

Die Geraden sind nicht parallel oder ident, da die Richtungsvektoren keine Vielfachen voneinander sind.

Um zu zeigen, dass die Geraden windschief sind, setzen Sie die Geradengleichungen gleich und berechnen aus zwei Zeilen s und t. Die dritte Zeile dient der Kontrolle.

x-Zeile: $3+t=4+s$ $\quad|\cdot(-3)$

y-Zeile: $4+5t=-1+3s$ $\quad|$ die Gleichungen addieren

$$-5+2t=-13\ \Rightarrow\ t=-4\ \Rightarrow\ s=-5$$

s und t in die z-Zeile einsetzen:

$5+8\cdot(-4)=13+(-5)\cdot(-2)$ liefert eine falsche Aussage, daher liegen die beiden Geraden zueinander windschief.

Würde die dritte Gleichung eine wahre Aussage liefern, wären die Geraden schneidend. Durch Einsetzen eines Parameterwertes in eine Parametergleichung erhielte man den Schnittpunkt.

# AG 4 Trigonometrie

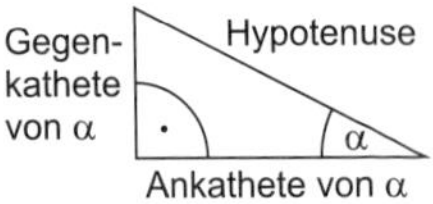


Im rechtwinkeligen Dreieck nennt man die Seite, die dem rechten Winkel gegenüberliegt, **Hypotenuse** (H).
Sie ist die längste Seite im rechtwinkeligen Dreieck. Die Kathete, die dem Winkel α anliegt, heißt **Ankathete** (A) und die, die dem Winkel α gegenüber liegt, **Gegenkathete** (G).

Im rechtwinkeligen Dreieck gilt der **Satz von Pythagoras**:
$H^2 = A^2 + G^2$

Für die Seitenverhältnisse im rechtwinkeligen Dreieck gelten folgende Formeln:
$\sin\alpha = \frac{G}{H}$, $\cos\alpha = \frac{A}{H}$, $\tan\alpha = \frac{G}{A}$

Ein Ball rollt einen unter 10 % abfallenden Weg 15 m hinunter. Welche horizontale bzw. vertikale Entfernung hat der Ball zurückgelegt?

*Lösung:*
Ein Gefälle von 10 % bedeutet, dass man auf der Horizontalen (A) 100 m zurücklegt und dabei 10 Höhenmeter (G) überwindet.

Es ist hilfreich, sich den Sachverhalt zu skizzieren und dabei gegebene Seiten bzw. Winkel zu markieren.

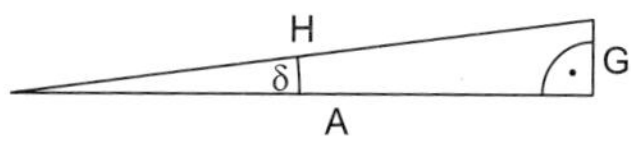


Berechnung des Winkels δ:
$\tan\delta = \frac{G}{A}$, $\tan\delta = \frac{10}{100} = 0{,}1 \Rightarrow \delta = \tan^{-1}(0{,}1) \approx 5{,}71°$

Berechnung der horizontalen (A) bzw. vertikalen (G) Entfernung bei $H = 15$ m:

$\cos\delta = \frac{A}{H}$, $H \cdot \cos\delta = A$, $15 \cdot \cos(5{,}71°) = A$, $A \approx 14{,}93$ m

$\sin\delta = \frac{G}{H}$, $H \cdot \sin\delta = G$, $15 \cdot \sin(5{,}71°) = G$, $G \approx 1{,}49$ m

## Sinus- und Cosinuswerte am Einheitskreis

Da die Hypotenuse in den in der Skizze eingezeichneten rechtwinkeligen Dreiecken 1 ist, liest man den Sinuswert des Winkels α auf der y-Achse und den Cosinus-Wert auf der x-Achse ab. Der Punkt P auf der Kreislinie hat die Koordinaten $(\cos\alpha \,|\, \sin\alpha)$.

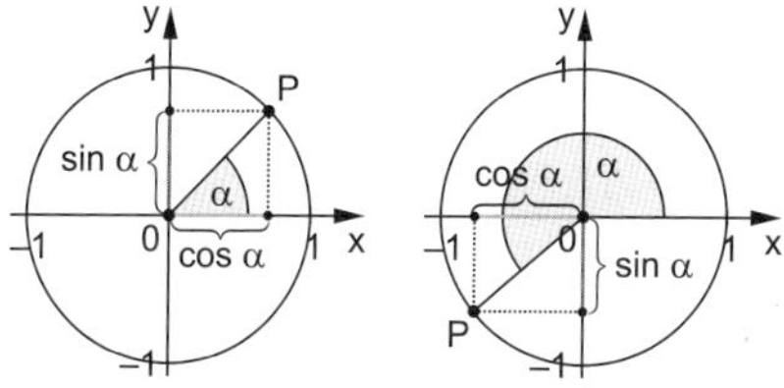


Im Beispiel oben links gilt: $\sin(45°) = G \approx 0{,}71$ (dunkelgraue Strecke), $\cos(45°) = A \approx 0{,}71$ (hellgraue Strecke)

| Winkel $\alpha$ | Quadrant | $\sin\alpha$ | $\cos\alpha$ |
|---|---|---|---|
| $0°$ | | 0 | 1 |
| $0° < \alpha < 90°$ | 1. Quadrant | positiv | positiv |
| $90°$ | | 1 | 0 |
| $90° < \alpha < 180°$ | 2. Quadrant | positiv | negativ |
| $180°$ | | 0 | –1 |
| $180° < \alpha < 270°$ | 3. Quadrant | negativ | negativ |
| $270°$ | | –1 | 0 |
| $270° < \alpha < 360°$ | 4. Quadrant | negativ | positiv |
| $360°$ | | 0 | 1 |

Geben Sie alle Winkel im Intervall [0°; 360°] an, die den Sinuswert 0,77 haben.

*Lösung:*
$\alpha_1 = 50{,}35°$ und $\alpha_2 = 180° - 50{,}35° = 129{,}65°$

Geben Sie alle Winkel im Intervall [0°; 360°] an, die den Cosinuswert –0,63 haben.

*Lösung:*
$\alpha_1 = 129{,}05°$ und $\alpha_2 = 360° - 129{,}05° = 230{,}95°$

## Tangenswerte am Einheitskreis

Den **Tangenswert** eines Winkels $\alpha$ liest man am Einheitskreis auf der Tangente durch den Punkt (1 | 0) ab.

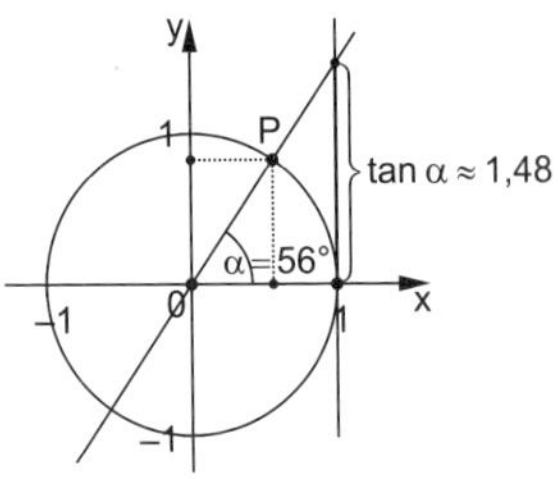


Er ist in den Intervallen [0°; 90°) und [180°; 270°) positiv, in den Intervallen (90°; 180°] und (270°; 360°] negativ.

Für 90° und 270° ist der Tangens nicht definiert.

Es gilt:
$\tan(0°) = 0$, $\tan(180°) = 0$

# Funktionale Abhängigkeiten

## FA 1 Funktionsbegriff, reelle Funktionen, Darstellungsformen und Eigenschaften

Eine **Funktion** ist eine eindeutige Zuordnung von zwei Größen. Jedem Wert der ersten Größe wird genau ein Wert der zweiten Größe zugeordnet. Die erste Größe wird mit x bezeichnet, sie ist die unabhängige Größe. Die zweite Größe wird mit y oder f(x) bezeichnet, sie ist von x abhängig. Jedem x-Wert wird also genau ein y-Wert zugeordnet.

| | |
|---|---|
| x | Argument |
| $y = f(x)$ | Funktionswert der Funktion f an der Stelle x |
| D | Definitionsmenge von f (Menge aller Werte für x) |
| W | Wertemenge von f (Menge aller Funktionswerte) |
| $f: [-3; 3] \to \mathbb{R}$ | f ist eine Funktion vom Intervall $[-3; 3]$ nach $\mathbb{R}$. |
| $f: x \mapsto f(x)$ | Dem Argument x wird der Wert f(x) zugewiesen. |

Welche dieser Graphen können als Graphen einer Funktion interpretiert werden?

- b und c sind Funktionsgraphen.
- a, d und e sind *keine* Funktionsgraphen, weil es jeweils (mindestens) einen x-Wert gibt, dem zwei (oder mehr) y-Werte zugewiesen werden.

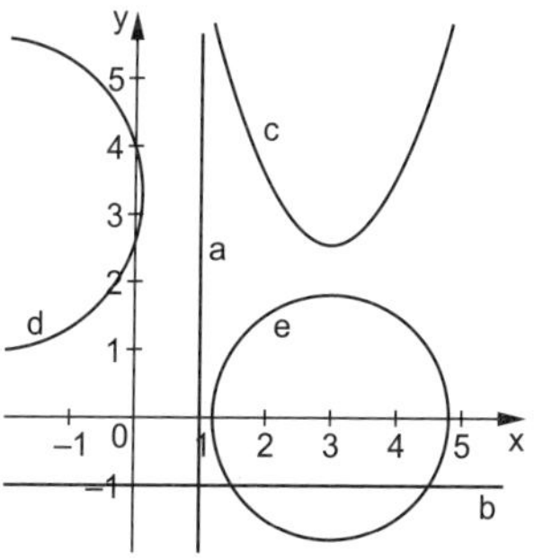

| | |
|---|---|
| **Lineare Funktion:** | $f(x)=k\cdot x+d;\ k, d\in \mathbb{R}$ |
| **Potenzfunktion:** | $f(x)=a\cdot x^z+b;\ z\in \mathbb{Z},\ a, b\in \mathbb{R}, a\neq 0$ |
| **Polynomfunktion:** | $f(x)=a\cdot x^n+b\cdot x^{n-1}+c\cdot x^{n-2}+\ldots;$ $a, b, c, \ldots \in \mathbb{R}, a\neq 0, n\in \mathbb{N}$ |
| **Exponentialfunktion:** | $f(x)=a\cdot b^x$ oder $f(x)=a\cdot e^{\lambda x};\ a, \lambda\in \mathbb{R}, b\in \mathbb{R}^+$ |
| **Sinusfunktion:** | $f(x)=a\cdot \sin(b\cdot x);\ a, b\in \mathbb{R}$ |

Jedes Zahlenpaar $(x\,|\,f(x))$ kann als Punkt im kartesischen Koordinatensystem aufgefasst und eingezeichnet werden. Man wählt einige Punkte aus, zeichnet diese im Koordinatensystem ein und verbindet sie meistens zu einer glatten, durchgängigen Kurve. Wichtig dabei ist, eine passende Einheit zu wählen.
Umgekehrt kann man Zahlenpaare aus dem Graphen ablesen und in eine Tabelle eintragen.

In der Graphik (unten) und der Tabelle (nächste Seite oben) ist das Bildungsniveau der österreichischen Wohnbevölkerung (25 bis 64 Jahre) dargestellt, wobei die Sekundarstufe für Matura, berufsbildende mittlere Schulen sowie Lehrabschlüsse und die Tertiärstufe für das Absolvieren von Universität, Fachhochschule und hochschulverwandten Lehranstalten steht.
Beantworten Sie folgende Fragen zur Graphik und der Tabelle (Quelle: STATISTIK AUSTRIA, Österreich: Zahlen – Daten – Fakten).

Entwicklung des Bildungsniveaus der österreichischen Wohnbevölkerung (25 bis 64 Jahre)

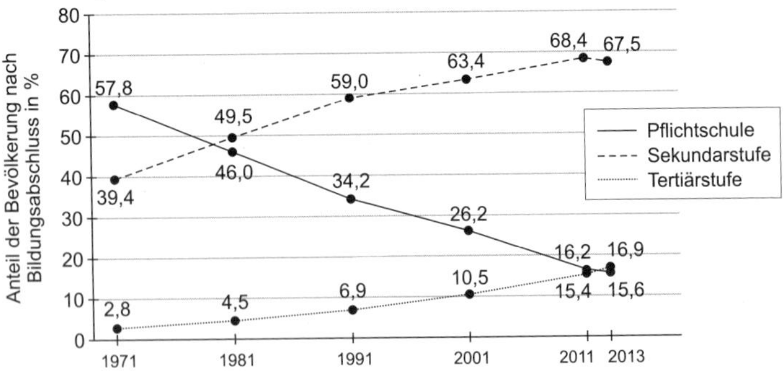

Bildungsstand der Bevölkerung (25 bis 64 Jahre) nach Geschlecht und Bildungsstufen in %

| | 1991 | | | 2001 | | | 2013 | | |
|---|---|---|---|---|---|---|---|---|---|
| **Schultyp** | **insg.** | **m** | **w** | **insg.** | **m** | **w** | **insg.** | **m** | **w** |
| Tertiärstufe | 6,9 | 7,8 | 6,0 | 10,5 | 10,5 | 10,5 | 16,9 | 15,8 | 18,0 |
| Sekundarstufe | 59,0 | 67,0 | 50,9 | 63,4 | 70,3 | 56,4 | 67,5 | 72,5 | 62,6 |
| Pflichtschule | 34,2 | 25,3 | 43,1 | 26,2 | 19,3 | 33,1 | 15,6 | 11,7 | 19,4 |

a) In Österreich lebten in den Jahren 1971 rund 7 500 000 Menschen, 1991 rund 7 755 000 und 2011 rund 8 401 940 Menschen. Legen Sie für diese Jahre eine Tabelle an, in der Sie die Anzahl aller 25- bis 64-Jährigen angeben, die entweder einen Bildungsabschluss der Sekundar- oder der Tertiärstufe haben.

b) In welchen Jahren ist der Unterschied zwischen Pflichtschulabschluss und Abschluss einer Sekundarstufe am größten bzw. am kleinsten?

c) Wann und um wie viele Prozentpunkte haben im Tertiärbereich die Frauen die Männer überholt?

d) Wann gab es in etwa gleich viele Pflichtschulabsolventen wie Hochschulabsolventen?

*Lösung:*

a)

| Jahr | 1971 | 1991 | 2011 |
|---|---|---|---|
| Anzahl der 25- bis 64-Jährigen mit Bildungsabschluss der Sekundar- bzw. Tertiärstufe | 3 165 000 | 5 110 545 | 7 040 826 |

Rechnungen: $7\,500\,000 \cdot (0{,}394 + 0{,}028) = 3\,165\,000$

$7\,755\,000 \cdot (0{,}59 + 0{,}069) = 5\,110\,545$

$8\,401\,940 \cdot (0{,}684 + 0{,}154) \approx 7\,040\,8256$

b) Ungefähr 1979/80 haben gleich viele der 25- bis 64-Jährigen Österreicher einen Pflichtschulabschluss oder einen Abschluss einer Sekundarstufe. Am größten ist der Abstand im Jahr 2011.

c) Bei den Abschlüssen im Tertiärbereich haben die Frauen 2013 mit einer Differenz von 2,2 Prozentpunkten die Männer überholt.

d) Im Intervall [2011; 2013] liegt der Schnittpunkt der beiden Graphen. In diesem Intervall steigt die Anzahl der Hochschulabsolventen über die Anzahl der Pflichtschulabsolventen.

## Berechnung von Funktions- und Argumentwerten

*Tabelle:* Die Argumentwerte stehen in der Spalte „x", die Funktionswerte in der Spalte „f(x)".

*Graph:* Der Argumentwert muss auf der x-Achse (waagrechte Achse) abgelesen werden, der Funktionswert auf der y-Achse (senkrechte Achse).

*Gleichung:* Um einen Funktionswert zu erhalten, setzt man für die Variable x eine bestimmte Zahl aus der Definitionsmenge ein. Sucht man einen Argumentwert, setzt man eine bestimmte Zahl aus der Wertemenge für f(x) ein und formt die Gleichung nach x um (siehe Lösen von Gleichungen ab Seite 5). Bei Funktionsgleichungen der Form $f(x) = a \cdot x^4 + b \cdot x^2 + c$ substituiert man $x^2$ durch eine andere Variable, z. B. u, und geht wie oben vor.

Tabelle

| x | f(x) |
|---|---|
| –2 | 0 |
| –1 | 5 |
| 0 | 8 |
| 1 | 9 |
| 2 | 8 |

Graph

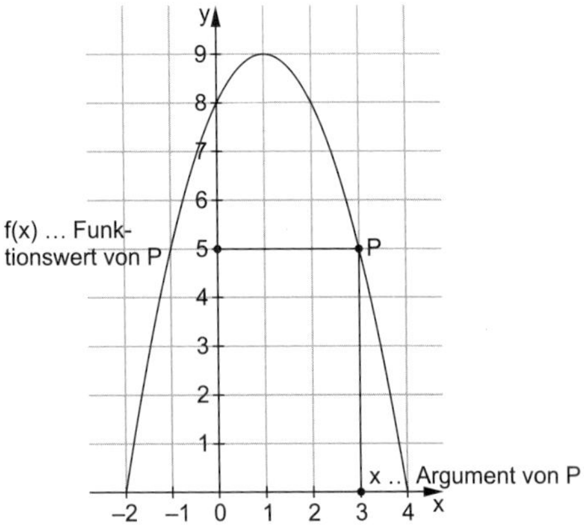


Gleichung:

$f(x) = -x^2 + 2x + 8$

Berechnung des Funktionswertes f(1):

$f(1) = -1^2 + 2 \cdot 1 + 8 = 9$

Berechnung des Argumentwertes x bei $f(x) = 5$:

$5 = -x^2 + 2x + 8$ umformen

$0 = x^2 - 2x - 3$

Mit der quadratischen Lösungsformel:

$x_{1,2} = 1 \pm \sqrt{1+3} \quad \Rightarrow \quad x_1 = 3, \; x_2 = -1$

Der gegebene Funktionswert 5 liefert zwei Argumente: 3 und –1

Beim Autofahren setzt sich der Anhalteweg aus dem Reaktionsweg und dem Bremsweg zusammen. In der Fahrschule gilt folgende Näherungsformel für den Anhalteweg:

$$s(v_0) = 3 \cdot \frac{v_0}{10} + \left(\frac{v_0}{10}\right)^2, \quad v_0 \text{ in km/h, s in m}$$

Bestimmen Sie s(100) und erklären Sie den Sachverhalt.

*Lösung:*

$$s(100) = 3 \cdot \frac{100}{10} + \left(\frac{100}{10}\right)^2 = 130$$

Fährt man mit einer Geschwindigkeit von 100 km/h, muss man einen Anhalteweg von 130 Metern einplanen.

## Monotonie, Monotoniewechsel und lokale Extremstellen

Eine Funktion f heißt in einer Menge A

- **monoton steigend** bzw. **fallend**, wenn für alle $x_1, x_2 \in A$ gilt:
  $x_1 < x_2 \Rightarrow f(x_1) \leq f(x_2)$ bzw. $f(x_1) \geq f(x_2)$,
- **streng monoton steigend** bzw. **fallend**, wenn für alle $x_1, x_2 \in A$ gilt:
  $x_1 < x_2 \Rightarrow f(x_1) < f(x_2)$ bzw. $f(x_1) > f(x_2)$,
- **konstant**, wenn für alle $x_1, x_2 \in A$ gilt:
  $x_1 < x_2 \Rightarrow f(x_1) = f(x_2)$.

In **lokalen Extrempunkten** (Hochpunkten oder Tiefpunkten) ändert sich die Monotonie.

## Krümmung und Wendepunkte

positiv gekrümmt (konkav)

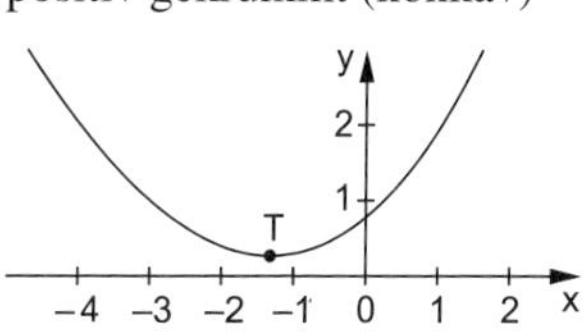


negativ gekrümmt (konvex)

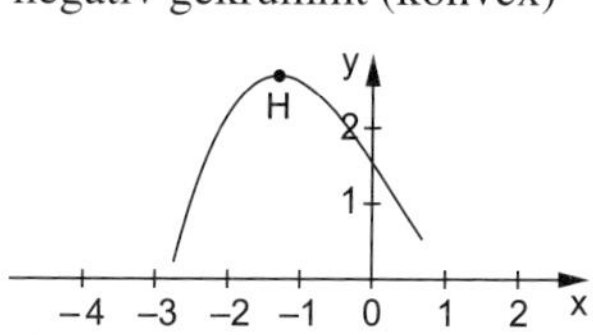


Der Punkt, in dem sich die Krümmung ändert, heißt **Wendepunkt**.

Anschaulich: Man stellt sich vor, mit dem Fahrrad zu fahren und zunächst eine Rechtskurve und danach gleich eine Linkskurve zu machen. Dazwischen gibt es genau einen Punkt, an dem der Lenker des Fahrrads gerade steht. Dieser Punkt entspricht dem Wendepunkt.

Monotonie, Extrempunkte und Wendepunkte können rechnerisch mithilfe von Ableitungen ermittelt werden (siehe den Abschnitt AN 3 ab Seite 60).

Die Funktion $f(x) = x^3 + 3x^2 + x + 1$ ist bis zum Hochpunkt H streng monoton steigend, zwischen Hochpunkt H und Tiefpunkt T streng monoton fallend und danach wieder streng monoton steigend. Im Wendepunkt W ändert sich das Krümmungsverhalten. Bis zum Wendepunkt ist die Funktion negativ gekrümmt, ab dem Wendepunkt positiv.

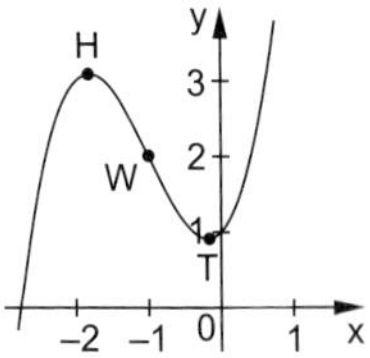


## Periodizität

Eine Funktion ist **periodisch**, wenn es eine reelle Zahl $p \neq 0$ gibt, sodass für alle $x \in D$ mit $x + p \in D$ gilt: $f(x+p) = f(x)$.
Die Zahl p wird **Periode** genannt.

Winkelfunktionen (trigonometrische Funktionen) sind periodisch, z. B. gilt für die Funktion $f(x) = \sin(x)$ bzw. $g(x) = \tan(x)$:
$\sin(x + 2\pi) = \sin(x)$ und $\tan(x + \pi) = \tan(x)$
Die Sinusfunktion hat die Periode $2\pi$, die Tangensfunktion die Periode $\pi$.

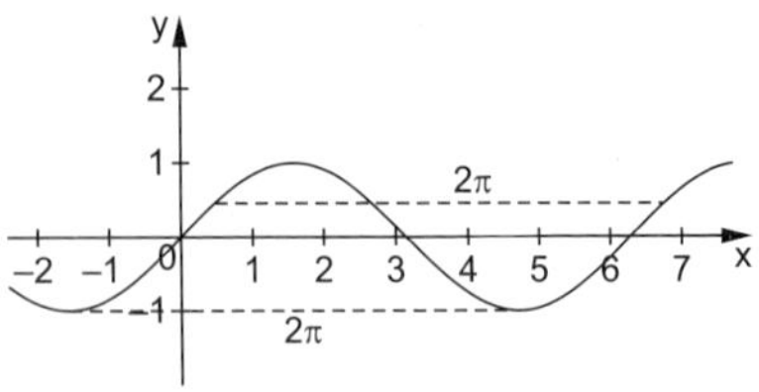


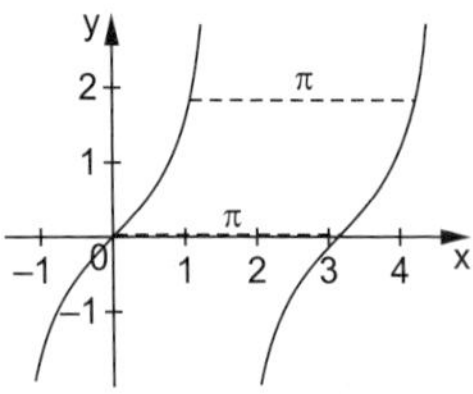

## Achsensymmetrie

Ist eine Funktion bezüglich einer Achse g: $x = a$ **symmetrisch**, gilt:
$f(a+z) = f(a-z)$
Speziell gilt $f(x) = f(-x)$ für eine Funktion f, wenn sie symmetrisch zur y-Achse ist.

Die Funktion $f(x) = (x-3)^2 - 4$ ist symmetrisch bezüglich der Achse g: $x = 3$. Es gilt mit den Punkten $A(2|-3)$ und $B(4|-3)$:

$$f(x_A) = f(x_B) \quad \Leftrightarrow \quad f(3-1) = f(3+1)$$
$$f(2) = f(4)$$
$$-3 = -3$$

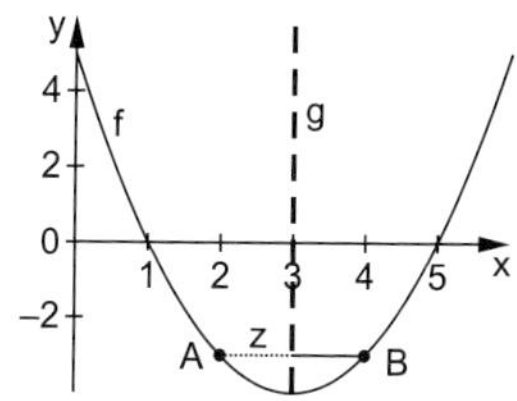


Alle Potenzfunktionen geraden Grades, d. h. $f(x) = x^2$, $f(x) = x^4 \ldots$, sind achsensymmetrisch zur y-Achse.

Die Funktion $f(x) = x^4 - 3x^2 + 1$ ist auch achsensymmetrisch bezüglich der y-Achse, denn es gilt: $f(-x) = f(x)$

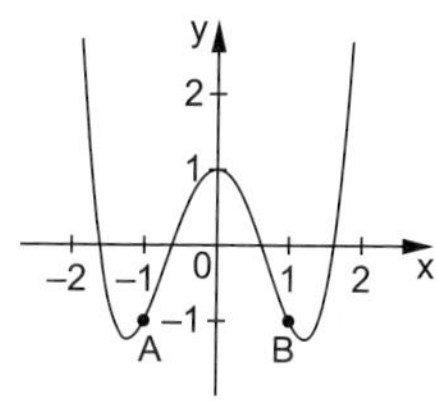


## Asymptotisches Verhalten

Das **asymptotische Verhalten** einer Funktion beschreibt das Verhalten der Funktion für immer größer (oder kleiner) werdende Argumente x bzw. für Argumente x, die sich einer Zahl außerhalb (genauer: am Rande) des Definitionsbereichs nähern.

1. Der Graph der Funktion $f(x) = 0{,}5^x$ nähert sich für größer werdende Argumente x der x-Achse an. Daher ist die x-Achse waagrechte Asymptote der Funktion.

   Die Funktion $f(x) = 0{,}5^x - 2$ nähert sich für größer werdende Argumente x der Geraden $y = -2$ an.

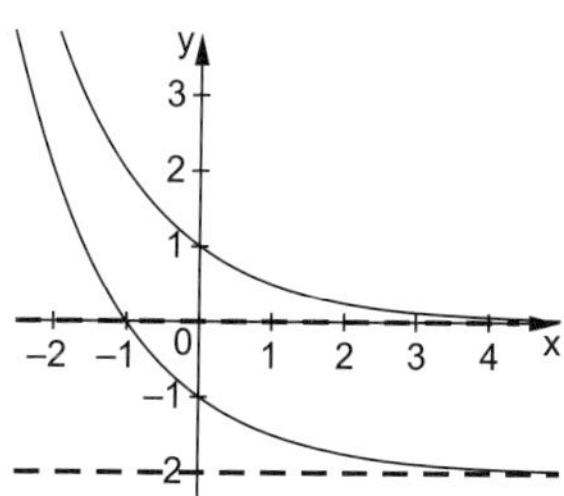


   Daher ist diese Gerade waagrechte Asymptote der Funktion.

2. Der Graph der Funktion $f(x)=\frac{1}{x^2}$ nähert sich für größer oder kleiner werdende Argumente x der x-Achse an. Daher ist die x-Achse waagrechte Asymptote der Funktion.

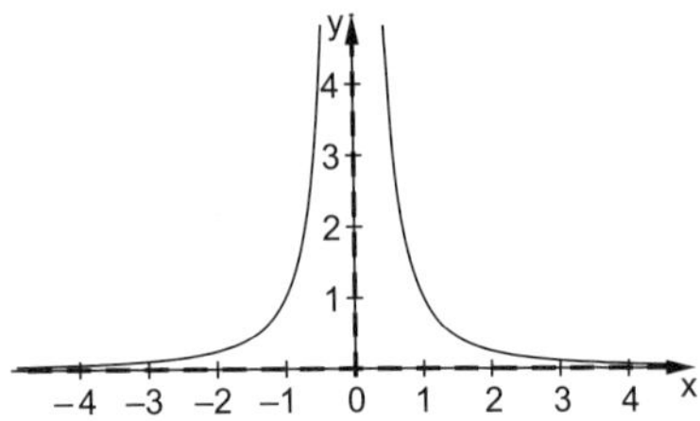


Für $x \to 0$ werden die Funktionswerte immer größer, also $f(x) \to \infty$, somit ist die y-Achse senkrechte Asymptote der Funktion.

3. Der Graph der Funktion $f(x)=\frac{(x+1)^2}{x-1}$ nähert sich für immer größer oder kleiner werdende x der Geraden $g(x)=x+3$ an. Diese Gerade ist eine schräge Asymptote der Funktion.

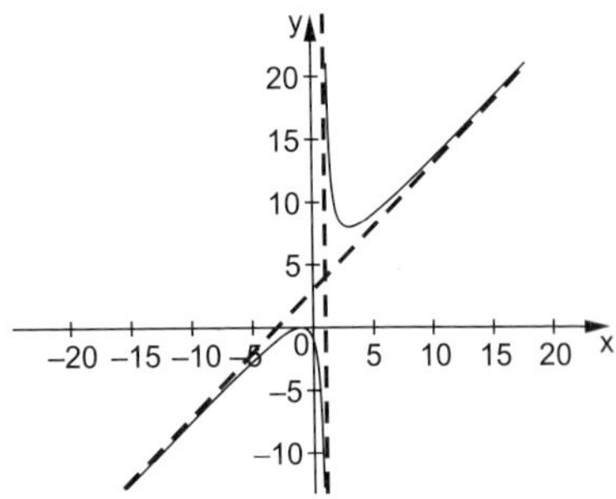


Für $x \to 1$ werden die Funktionswerte immer größer bzw. immer kleiner, also $f(x) \to \infty$ bzw. $f(x) \to -\infty$, somit ist die Achse a: $x=1$ eine senkrechte Asymptote der Funktion.

## Schnittpunkte mit den Achsen

Der Funktionsgraph kann sowohl die x-Achse als auch die y-Achse schneiden.

Die Schnittpunkte mit der x-Achse heißen **Nullstellen**. In den Nullstellen ist $f(x)=0$. Durch Umformen der Gleichung erhält man die x-Werte der Schnittpunkte bzw. der Berührpunkte (beides Nullstellen) mit der x-Achse. Es kann mehrere Nullstellen geben, es muss aber nicht bei jeder Funktion eine geben.

Um den Punkt zu erhalten, an dem der Funktionsgraph die y-Achse schneidet, wird statt x die Zahl Null in die Funktionsgleichung eingesetzt. Es kann nur einen Punkt geben (muss aber keinen geben), an dem der Graph einer Funktion die y-Achse schneidet.

$f(x) = x^2 - 2x - 3$

$0 = x^2 - 2x - 3 \Rightarrow x_1 = -1,\ x_2 = 3$

$\Rightarrow N_1(-1\,|\,0),\ N_2(3\,|\,0)$

$f(0) = 0^2 - 2 \cdot 0 - 3$

$f(0) = -3$

$\Rightarrow P(0\,|\,-3)$

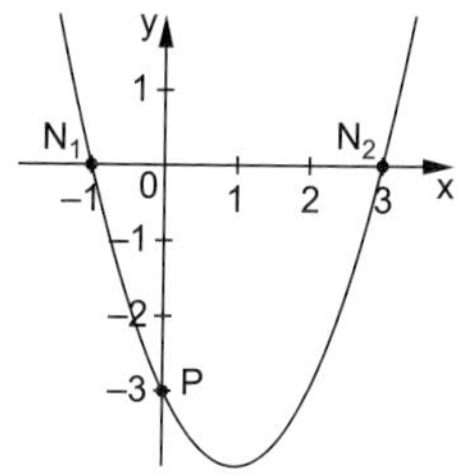


## Modellierungen

Typische Beispiele für Inhalte, die als Funktion modelliert werden können, sind Zusammenhänge zwischen der Zeit und einer zweiten Größe wie etwa Menge, Weg oder Geschwindigkeit, sowie physikalische oder geometrische Zusammenhänge.

Zeichnen Sie einen passenden Graphen zum Beispiel.

1. Die Ampel schaltet auf Grün und ein Auto fährt los. Es beschleunigt auf 50 km/h.
2. Die Autofahrerin fährt 2 Minuten mit konstanter Geschwindigkeit.
3. Sie sieht schon von weitem, dass sie sich einer Kreuzung nähert, und wird langsamer.
4. Sie biegt bei der Kreuzung nach rechts ab.
5. Sie beschleunigt langsam und fährt mit konstanter Geschwindigkeit von 70 km/h weiter.

*Lösung:*

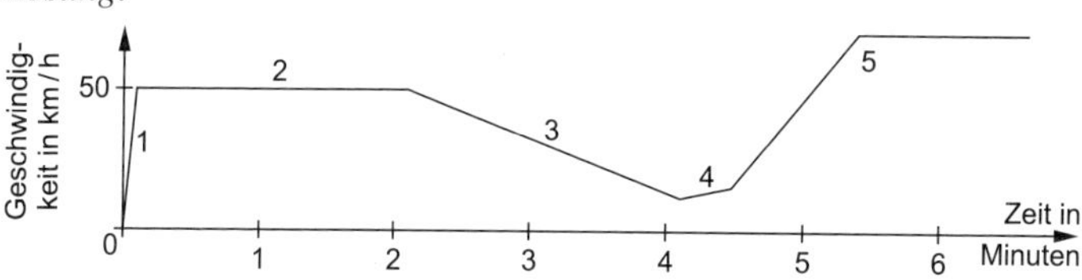

## Funktionswerte ermitteln und im Kontext deuten

Funktionswerte werden ermittelt, indem für die Veränderlichen frei gewählte Zahlen aus der Definitionsmenge eingesetzt werden.

Der Inhalt einer zylinderförmigen Getränkedose soll verdoppelt werden. Kreuzen Sie alle Aussagen an, die zum gesuchten Ergebnis führen. Die Formel für das Zylindervolumen lautet: $V(r, h) = r^2 \cdot \pi \cdot h$

*Lösung:*

- [x] Die Höhe wird verdoppelt.
- [ ] Der Radius wird verdoppelt.
- [ ] Der Radius und die Höhe werden verdoppelt.
- [x] Der Radius wird verdoppelt und die Höhe halbiert.
- [ ] Der Radius wird halbiert und die Höhe verdoppelt.

*Strategie:* Setzen Sie beim Substituieren Klammern, z. B. hier:
$r \mapsto (2r)$, d. h. $r^2 \mapsto (2r)^2 = 4r^2$

## Verlauf von Kostenfunktionen

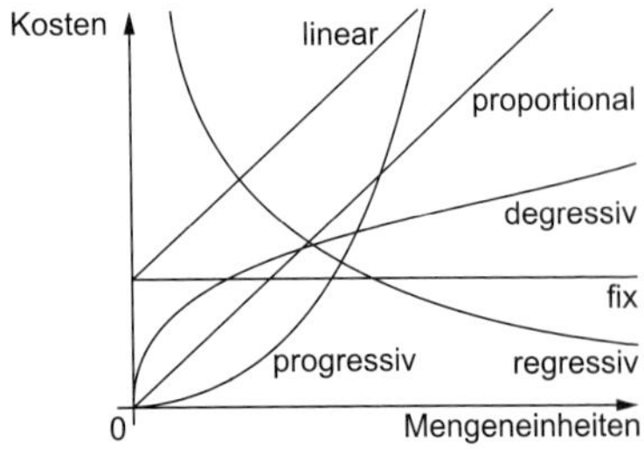


**Lineare Kostenfunktionen**

**Proportionale Kosten:** Kosten ändern sich im selben Verhältnis wie die produzierte Menge

**Fixe Kosten:** Kosten bleiben konstant, unabhängig von der produzierten Stückzahl

**Lineare Kosten:** Fixkosten plus Kosten pro Stück

**Gekrümmte Kostenfunktionen**

**Degressive Kosten:** unterproportional, d. h., erhöht sich die Stückzahl um p %, dann steigen die Kosten um weniger als p %.

**Progressive Kosten:** überproportional, d. h., erhöht sich die Stückzahl um p %, dann steigen die Kosten um mehr als p %.

**Regressive Kosten:** abnehmend, d. h., die Kosten nehmen bei Steigerung der Produktion ab bzw. bei abnehmender Produktion zu.

## Begriffe der Kostentheorie

| | | |
|---|---|---|
| x | Mengeneinheit | Stückanzahl |
| $K(x)$ | **Kostenfunktion** | Gibt die Kosten in Geldeinheiten an. $K(x) = K_v(x) + K(0)$ Die Gesamtkosten $K(x)$ sind die Summe aus den **variablen Kosten** $K_v(x)$ und den **Fixkosten** $K(0)$. |
| $K_v(x)$ | **variable Kosten** | Abhängig von der produzierten Menge x |
| $K(0)$ | **Fixkosten** | Unabhängig von der produzierten Menge x |
| $K'(x)$ | **Grenzkostenfunktion** | Kostenzuwachs für eine zusätzlich produzierte Menge |
| $K''(x) = 0$ | **Kostenkehre** | Wendepunkt der Kostenfunktion<br>Übergang vom degressiven zum progressiven Kostenverlauf (oder auch umgekehrt) |
| $\overline{K}(x) = \frac{K(x)}{x}$ | **Stückkostenfunktion** (Durchschnittskosten) | Gibt an, wie viel eine Mengeneinheit im Durchschnitt kostet. |
| $\overline{K}'(x_{opt}) = 0$<br>$\overline{K}''(x_{opt}) > 0$ | $x_{opt}$ ... **Betriebsoptimum** | Minimum der Stückkostenfunktion (Minimum der Durchschnittskosten)<br>Gibt an, bei welcher Menge und welchem Preis langfristig kostendeckend produziert wird. |
| $\overline{K}(x_{opt})$ | langfristige Preisuntergrenze | Kostendeckender Preis |
| $\overline{K_v}(x) = \frac{K_v(x)}{x}$ | **variable Stückkostenfunktion** | Durchschnittliche variable Kosten pro Mengeneinheit |

| | | |
|---|---|---|
| $\overline{K_v}'(x_{BM})=0$ | $x_{BM}$ … **Betriebs-minimum** | Minimum der variablen Stückkostenfunktion<br>Gibt an, bei welcher Menge und welchen Preis zumindest die variablen Kosten gedeckt sind. |
| $\overline{K_v}(x_{BM})$ | kurzfristige Preisuntergrenze | |

## Begriffe der Preistheorie

| | | |
|---|---|---|
| x | Mengeneinheit | Stückanzahl |
| p(x) | **Preisfunktion** | Verkaufspreis pro Stück **(Nachfragefunktion)** |
| p(0) | **Höchstpreis** | Bei diesem Preis besteht keine Nachfrage mehr. |
| $p(x_S)=0$ | $x_S$ … **Sättigungsmenge** | Bei dieser Menge hat niemand mehr das Bedürfnis, noch mehr Stück von diesem Produkt zu kaufen. (Nullstelle der Preisfunktion) |
| $E(x)=p(x)\cdot x$ | **Erlösfunktion** | **Umsatzfunktion** … verkaufte Stückzahl multipliziert mit dem zugehörigen Preis |
| $E'(x_{maxE})=0$ | $x_{maxE}$ … maximaler Erlös | auch: maximaler Umsatz<br>$E''(x_{maxE})<0$ |
| $G(x)=E(x)-K(x)$ | **Gewinnfunktion** | Gibt den Gewinn in Geldeinheiten an. |
| $G'(x_{maxG})=0$ | $x_{maxG}$ … **maximaler Gewinn** | $G''(x_{maxG})<0$ |
| $p(x_{maxG})$ | **Cournot'scher Punkt** | Verkaufspreis jener Menge, die den maximalen Gewinn erzielt |

| | | |
|---|---|---|
| $G(x)=0$<br>$E(x)=K(x)$ | **Gewinnintervall**<br>$[x_1; x_2]$<br>Gewinnbereich | Das Intervall der Nullstellen der Gewinnfunktion gibt jenen Mengenbereich an, bei dem Gewinn erwirtschaftet wird. |
| $G(x_1)=0$ | **Gewinngrenze** | Jene Mengeneinheit, ab der die Kosten den Erlös übersteigen. (Man rutscht in die Verlustzone.) |
| $G(x_2)=0$ | **Break-even-point** | Jene Mengeneinheit, bei der der Erlös so groß ist, dass kein Verlust mehr entsteht. |

## Schnittpunkte zweier Funktionsgraphen

**Schnittpunkte zweier Funktionsgraphen** können als Wertepaare im Koordinatensystem abgelesen oder berechnet werden. Zur Berechnung setzt man die Funktionsgleichungen gleich und löst die entstandene Gleichung.

Von einer Produktionsfirma kennt man die Kostenfunktion
$K(x)=x^3-15x^2+250x+5\,000$.
Die Erlösfunktion lautet $E(x)=1\,480x$.

a) Beschreiben Sie den Verlauf der Kostenfunktion.
b) Ermitteln Sie den Gewinnbereich der Produktionsfirma.

*Lösung:*

a) Die Kostenfunktion ist bis $x_2$ progressiv, ab $x_2$ degressiv (Break-even-point). Die Kostenkehre liegt bei $x_2$. Bis zur Kostenkehre werden die Durchschnittskosten pro Stück weniger, je mehr produziert wird. Danach wachsen die Produktionskosten für ein Stück im Durchschnitt, umso mehr produziert wird.
b) Der Gewinnbereich der Produktionsfirma liegt bei $G(x)=0$, also bei $E(x)=K(x)$, und lautet $[x_1; x_2]$, wobei die Stelle $x_1$ der Break-even-point und $x_2$ die Gewinngrenze ist.

$$K(x)=E(x)$$
$$x^3-15x^2+250x+5\,000=1\,480x \quad \Big| -1\,480x$$
$$x^3-15x^2-1\,230x+5\,000=0$$

⇒ Gleichung lösen (z. B. mittels CAS oder graphisch)
$x_1 \approx 3{,}93$, $x_2 \approx 41{,}65$ $(x_3 \approx -30{,}58)$
Die negative Lösung ist in diesem Kontext nicht sinnvoll.

Der Gewinnbereich der Produktionsfirma liegt im Intervall [3,93; 41,65].

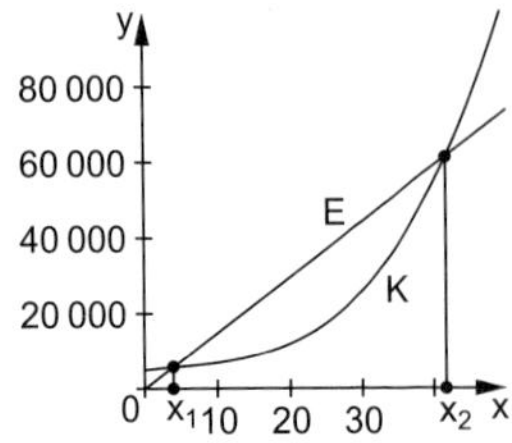


## FA 2 Lineare Funktion

Eine **lineare Funktion** f: $\mathbb{R} \mapsto \mathbb{R}$ ist eine Zuordnung mit der Funktionsgleichung $f(x) = k \cdot x + d$, wobei $k, d \in \mathbb{R}$. Dabei ist k die Steigung und d der Abschnitt auf der y-Achse. Es gilt:

$$k = \frac{f(x_2) - f(x_1)}{x_2 - x_1} = \frac{\Delta y}{\Delta x} \text{ für } x_1 \neq x_2$$

Die lineare Funktion ist eine Polynomfunktion ersten Grades. Ihr Funktionsgraph ist eine Gerade.

Bei Tabellen kann man erkennen, ob es sich um Werte einer linearen Funktion handelt, indem man die charakteristische Eigenschaft $f(x+1) = f(x) + k$ nützt.

Die Berechnung von k und d ist auf mehrere Arten möglich.
*Tabelle:*

$$k = \frac{f(x_2) - f(x_1)}{x_2 - x_1} = \frac{\Delta y}{\Delta x} \text{ (Wähle zwei beliebige Punktepaare); } d = f(0)$$

*Graph:*
Um k abzulesen, zeichnt man das Steigungsdreieck (Katheten 1 und k) an einem beliebigen Punkt ein und liest d an der y-Achse ab.

### Wirkung der Parameter

- $k < 0$ bzw. $k > 0$: Der Graph der linearen Funktion ist streng monoton fallend bzw. steigend.
- $k = 0$: Der Graph der linearen Funktion ist konstant (parallel zur x-Achse).

- $k \neq 0$, $d = 0$: Es handelt sich um eine homogene lineare Funktion mit der Nullstelle $N(0|0)$.
- $k, d \neq 0$: Es handelt sich um eine inhomogene lineare Funktion mit genau einer Nullstelle.

Parallele Geraden haben denselben Wert k, aber unterschiedliche d-Werte. Zueinander normale Geraden haben den Anstieg k bzw. $-\frac{1}{k}$, ihre d-Werte sind beliebig.

Die Steigung k gibt den Wert an, um den eine Größe pro Einheit wächst oder fällt, der y-Abschnitt d zeigt den Startwert an.

Für eine Taxifahrt werden ein Fixpreis und ein Preis pro Kilometer verlangt.
Der Fixpreis entspricht d, der Preis pro gefahrenem Kilometer k.

## Charakteristische Eigenschaften

Addiert man zum Argument eins, dann vermehrt sich der Funktionswert um k. Die 1. Ableitung der Funktion ist konstant und entspricht der Steigung k.

$$f(x+1) = f(x) + k, \quad \frac{f(x_2) - f(x_1)}{x_2 - x_1} = k = [f'(x)]$$

| x | f(x) |
|---|---|
| –2 | 5 |
| –1 | 3 |
| 0 | 1 |
| 1 | –1 |
| 2 | –3 |

$+1$ (von x = –2 zu x = –1), $+k = +(-2)$ (von f(x) = 5 zu f(x) = 3)

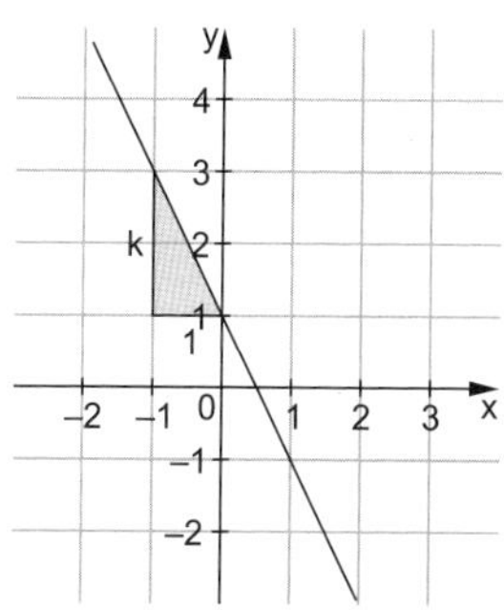


Sachverhalte mit linearem Zusammenhang können mittels linearer Funktion modelliert werden. Typische Beispiele: Zeit-Weg (aber nicht Zeit-Beschleunigung), Zeit-Temperatur, Menge-Preis.

Die Grundmenge muss eine Teilmenge der reellen Zahlen sein, um den Funktionsgraphen durchgängig zeichnen zu können. Beim Interpretieren muss darauf geachtet werden, den Graphen richtig zu deuten (z. B. können nicht 2,5 Äpfel gekauft werden).

Sind zwei Größen **direkt proportional** zueinander, lässt sich ihr Zusammenhang durch eine homogene lineare Funktion beschreiben: $f(x) = k \cdot x$ mit $k \neq 0$

Entspricht z. B. 1 € aktuell 0,8858 US-$, so ist $f(x) = 0{,}8858x$, wobei x der Eurobetrag und f(x) der Dollarbetrag ist.

## FA 3 Potenzfunktion

Hier sind die typischen Verläufe von Potenzfunktionen $f(x) = a \cdot x^z + b$ mit $a = 1$, $b = 0$ und $z \neq 0$ abgebildet und erklärt.

**Gerade Potenzfunktion $f(x) = x^z$**

z ist gerade (und positiv)

$D = \mathbb{R}$

streng monoton fallend in $\mathbb{R}_0^-$

streng monoton steigend in $\mathbb{R}_0^+$

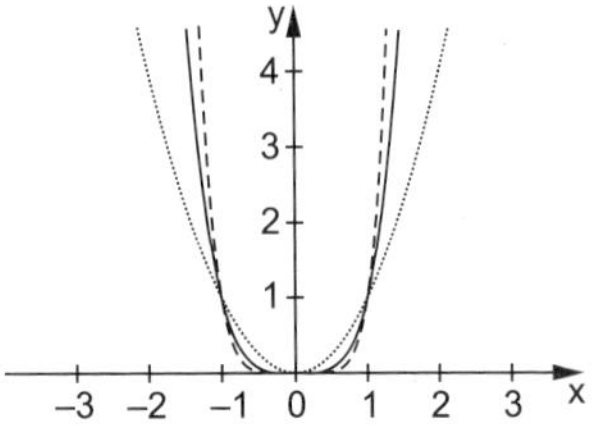


**Ungerade Potenzfunktion $f(x) = x^z$**

z ist ungerade (und positiv)

$D = \mathbb{R}$

streng monoton steigend in $\mathbb{R}$

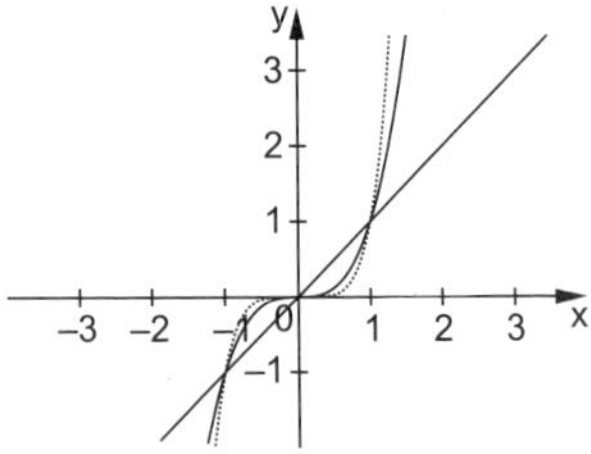

**Gerade Potenzfunktion $f(x) = x^{-z}$**
z ist gerade (und positiv)

$D = \mathbb{R} \setminus \{0\}$
Die Funktionen haben an der Stelle $x = 0$ eine Definitionslücke (Polstelle). Beide Achsen sind Asymptoten der Funktionen.

streng monoton steigend in $\mathbb{R}^-$
streng monoton fallend in $\mathbb{R}^+$
Die Funktionsgraphen gehen durch die Punkte $(-1 \mid 1)$ und $(1 \mid 1)$.

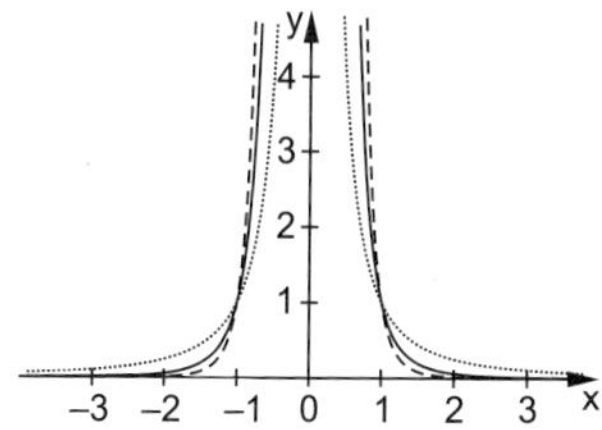


**Ungerade Potenzfunktion $f(x) = x^{-z}$**
z ist ungerade (und positiv)

$D = \mathbb{R} \setminus \{0\}$
Die Funktionen haben an der Stelle $x = 0$ eine Definitionslücke (Polstelle). Beide Achsen sind Asymptoten der Funktionen.

streng monoton fallend in $\mathbb{R}^-$ und $\mathbb{R}^+$
Die Funktionsgraphen gehen durch die Punkte $(-1 \mid -1)$ und $(1 \mid 1)$ und sind Hyperbeln.

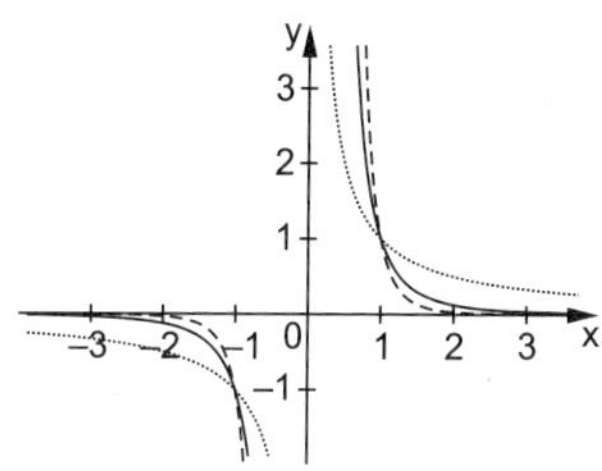


**Wurzelfunktion** der Form

$f(x) = a \cdot x^{\frac{1}{2}} + b$ bzw. $f(x) = a \cdot \sqrt{x} + b$

$D = \mathbb{R}_0^+$

streng monoton steigend in $\mathbb{R}_0^+$

Die Funktionsgraphen gehen für $b = 0$ durch den Punkt $(0 \mid 0)$ und, falls auch $a = 1$ gilt, durch den Punkt $(1 \mid 1)$.

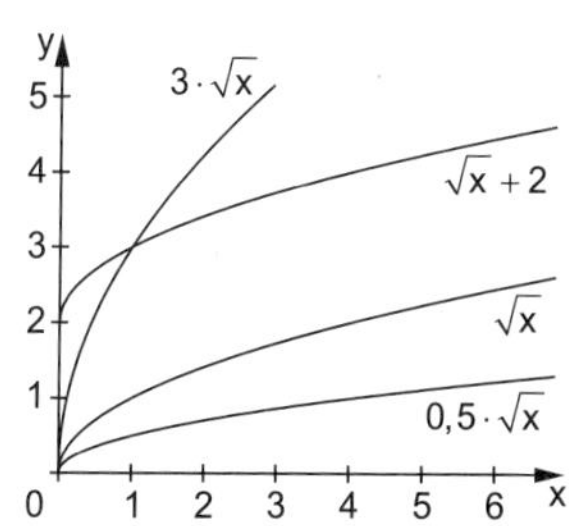

Ordnen Sie den Tabellen die passenden Funktionsgraphen und die passenden Gleichungen zu: $f(x)=2x^2$; $g(x)=2x^3-1$; $h(x)=3x^{-2}-1$

| x | f(x) |
|---|---|
| –2 | 8 |
| –1 | 2 |
| 0 | 0 |
| 1 | 2 |
| 2 | 8 |

| x | g(x) |
|---|---|
| –1 | –3 |
| –0,5 | –1,25 |
| 0 | –1 |
| 0,5 | –0,75 |
| 1 | 1 |

| x | h(x) |
|---|---|
| –2,5 | –0,5 |
| –1 | 2 |
| 0 | / |
| 1 | 2 |
| 2,5 | –0,5 |

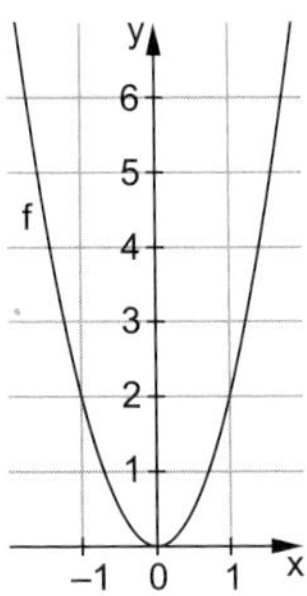


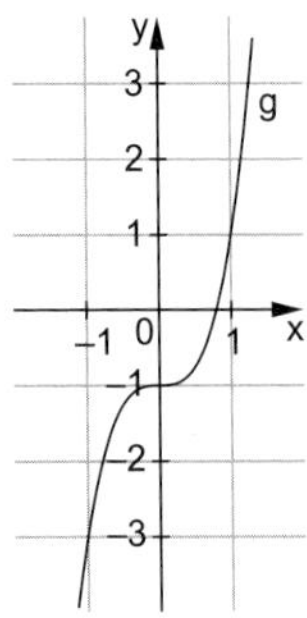


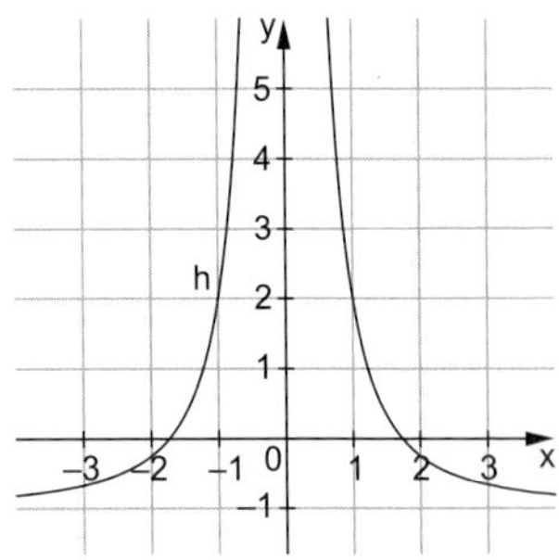


Ermitteln Sie die Funktionsgleichung der in der Tabelle und als Graph gegebenen Funktion f.

| x | f(x) |
|---|---|
| –2 | 10 |
| –1 | 1 |
| 0 | –2 |
| 1 | 1 |
| 2 | 10 |

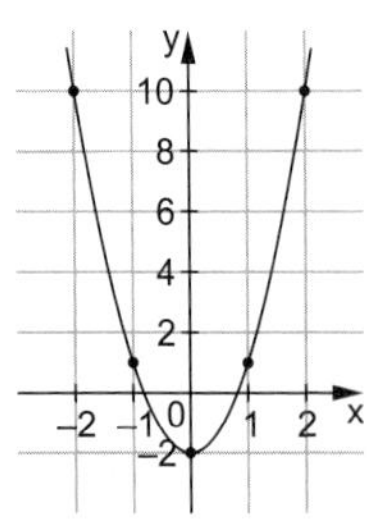


*Lösung:*

Der Graph ist eine zur y-Achse symmetrische Parabel. Es liegt also eine Potenzfunktion vom Grad 2 der Form $f(x)=ax^2+b$ vor.

Aus dem Graphen kann man $b=-2$ ablesen. Dann setzt man einen Punkt, z. B. $(1\,|\,1)$, in die Funktionsgleichung $f(x)=ax^2+b$ ein und löst die Gleichung nach a:

$1=a\cdot 1^2-2 \;\Rightarrow\; a=3 \;\Rightarrow\; f(x)=3x^2-2$

Ermitteln Sie die Funktionsgleichung der in der Tabelle und als Graphen gegebenen Funktion g.

| x | g(x) |
|---|---|
| –2 | –2 |
| –1 | 1,5 |
| 0 | 2 |
| 1 | 2,5 |
| 2 | 6 |

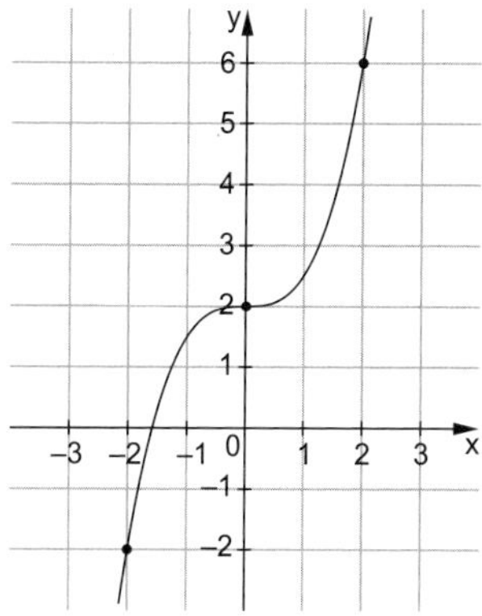


*Lösung:*

Der Graph deutet auf eine ungerade Funktion hin. Es könnte eine Potenzfunktion vom Grad 3 der Form $g(x) = ax^3 + b$ sein.

Der Sattelpunkt liegt bei (0 | 2), daher ist $b = 2$. Der Differenzenquotient $\frac{g(x+1) - g(x)}{(x+1) - x}$ von (0 | 2) und (1 | 2,5) ist $\frac{2{,}5 - 2}{1 - 0} = 0{,}5$, daher ist $a = 0{,}5$.

Die Gleichung der Funktion g lautet $g(x) = 0{,}5x^3 + 2$.

## Wirkung der Parameter

Die Parameter a und b führen zu Veränderungen der Graphen der Grundfunktionen $f(x) = x^z$.

Der Parameter a **streckt** ($|a| > 1$) bzw. **staucht** ($0 < |a| < 1$) einen Funktionsgraphen. Ist $a < 0$, so wird der Graph zusätzlich an der x-Achse gespiegelt.

Der Parameter b **verschiebt** den Graphen entlang der y-Achse hinauf ($b > 0$) bzw. hinunter ($b < 0$).

Ist die Funktionsgleichung von der Form $f(x) = (x + c)^2$, **verschiebt** sich der Graph von $x^2$ entlang der x-Achse (bei $c > 0$ nach links, bei $c < 0$ nach rechts). Durch Umformen können quadratische Funktionen oftmals in diese Form gebracht werden.

Ordnen Sie den Funktionsgraphen ihre Gleichungen und Beschreibungen in Bezug auf den Graphen der Funktion $x^2$ zu.

$f(x) = x^2$
$g(x) = -x^2$
$h(x) = x^2 + 3$
$p(x) = (x - 4)^2$
$q(x) = 0{,}5x^2$
$r(x) = 2x^2$

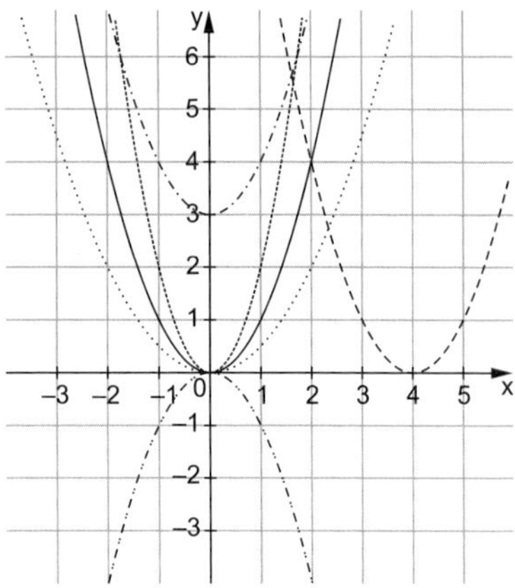


*Lösung:*

| Funktionsgraph | Funktionsgleichung | Beschreibung in Bezug auf den Graphen der Funktion $x^2$ |
|---|---|---|
| ———————— | $f(x) = x^2$ | |
| ------------------------ | $r(x) = 2x^2$ | Graph wird schmäler und steiler |
| ························ | $q(x) = 0{,}5x^2$ | Graph wird breiter und flacher |
| –··–··–··–··–··– | $g(x) = -x^2$ | Graph wird an der x-Achse gespiegelt |
| - - - - - - - - - - - | $p(x) = (x - 4)^2$ | Graph wird um 4 nach rechts verschoben |
| –·–·–·–·–·–·–· | $h(x) = x^2 + 3$ | Graph wird um 3 nach oben verschoben |

## Potenzfunktionen vom Typ $f(x) = \frac{a}{x}$

Zwei Größen sind zueinander **indirekt proportional**, wenn gilt: Wird eine Größe um einen Faktor vervielfacht, dann wird die andere Größe durch denselben Faktor geteilt.

Für den Schulball wird jedes Jahr eine Band engagiert, die für den Abend 2 500 € verlangt. Diesen Betrag müssen die Schüler/innen der 8. Klassen bezahlen.

a) Stellen Sie eine Formel für den Betrag B(x) auf, den jede/r Einzelne der x Schüler/innen bezahlen muss.

b) Heuer gibt es 35 Schüler/innen aus den 8. Klassen. Lesen Sie aus dem Graphen ab, wie viel jede/r für die Band bezahlen muss.

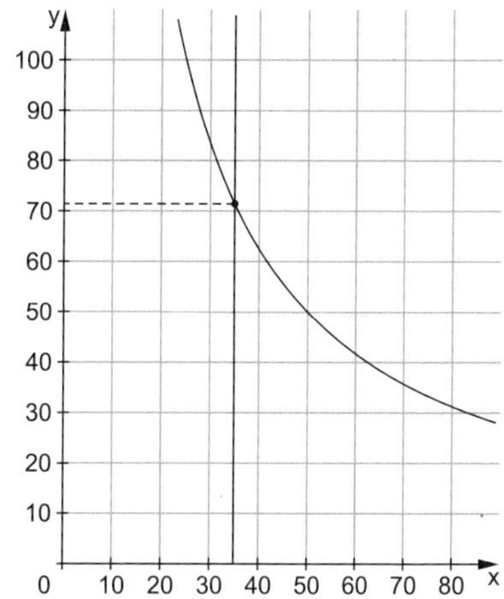


*Lösung:*

a) B(x) ist indirekt proportional zu x:

$B(x) = \frac{2\,500}{x}$ bzw. $B(x) = 2\,500 \cdot x^{-1}$

b) Ungefähr 71,50 €.

## FA 4 Polynomfunktion

Eine **Polynomfunktion vom Grad n** ist eine Funktion f: $\mathbb{R} \mapsto \mathbb{R}$, wobei:

$f(x) = a_n \cdot x^n + a_{n-1} \cdot x^{n-1} + a_{n-2} \cdot x^{n-2} + \ldots + a_1 \cdot x + a_0$

und $a_i \in \mathbb{R}$, $a_n \neq 0$, $n \in \mathbb{N}$

Andere Schreibweisen:

$f(x) = \sum_{i=0}^{n} a_i \cdot x^i, \quad a_i \in \mathbb{R}, a_n \neq 0, n \in \mathbb{N}$

$f(x) = a \cdot x^n + b \cdot x^{n-1} + c \cdot x^{n-2} + \ldots, \quad a, b, c, \ldots \in \mathbb{R}, a \neq 0$

Ist der Grad **n = 0**, so liegt eine konstante Funktion vor. Für **n = 1** liegt eine lineare Funktion vor. Beide Fälle werden im Abschnitt FA 2 (ab Seite 34) untersucht.

- Grad $\mathbf{n=2}$ (durchgezogen):
  $f(x) = a \cdot x^2 + b \cdot x + c$
  Der Funktionsgraph hat die Form einer **Parabel**. Ihr höchster ($a < 0$) bzw. tiefster ($a > 0$) Punkt wird **Scheitel** genannt. Bei $a < 0$ ist die Parabel nach unten offen, bei $a > 0$ nach oben offen.

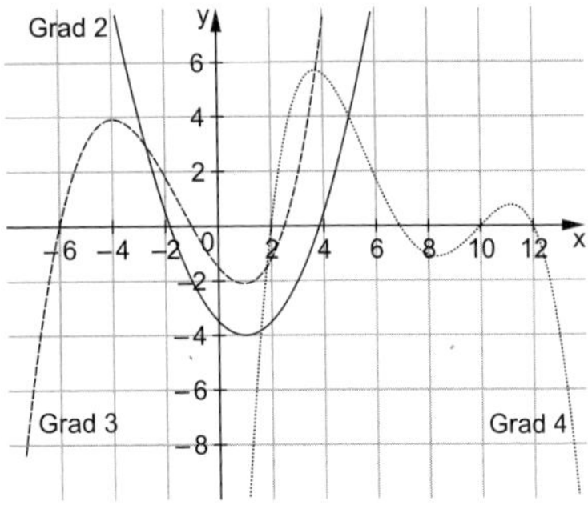


- Grad $\mathbf{n=3}$ (gestrichelt):
  $f(x) = a \cdot x^3 + b \cdot x^2 + c \cdot x + d$
  Der Funktionsgraph verläuft typischerweise s-förmig.
- Grad $\mathbf{n=4}$ (gepunktet):
  $f(x) = a \cdot x^4 + b \cdot x^3 + c \cdot x^2 + d \cdot x + e$
  Der Graph ähnelt den Buchstaben M oder W. Ist $b = 0$ und $d = 0$, so ist der Funktionsgraph symmetrisch bezüglich der y-Achse (siehe g(x) im nachfolgenden Beispiel).

Ordnen Sie den Tabellen die passenden Funktionsgraphen zu.

| x | f(x) |
|---|---|
| –2 | 4 |
| –1 | 1 |
| 0 | 0 |
| 1 | 1 |
| 2 | 4 |

| x | g(x) |
|---|---|
| –1 | 0 |
| –0,5 | –2,25 |
| 0 | –4 |
| 0,5 | –2,25 |
| 1 | 0 |

| x | h(x) |
|---|---|
| –3 | 0 |
| –1 | 8 |
| 0 | 0 |
| 1 | –8 |
| 3 | 0 |

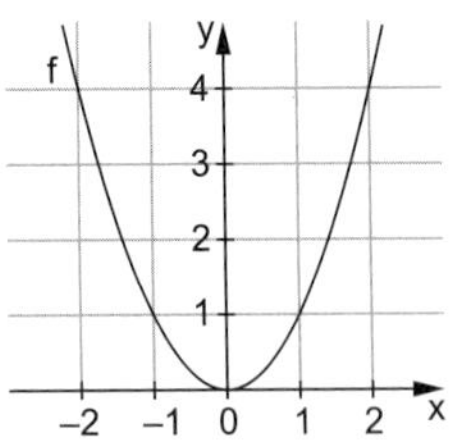


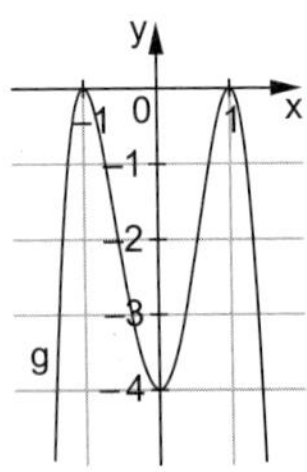


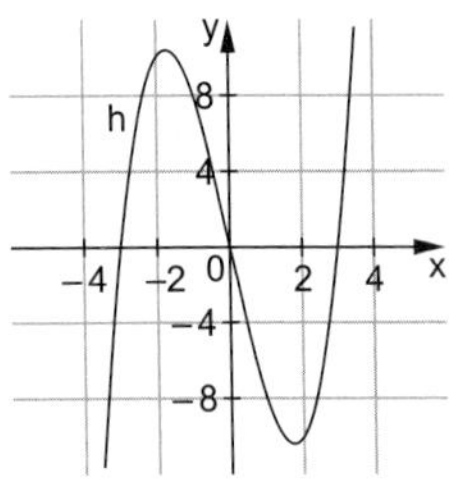


*Strategie:* Man sucht die Punkte aus der Tabelle im Funktionsgraphen. Zudem kann man die Symmetrieeigenschaften nützen.

## Anzahl der Null-, Extrem- und Wendestellen

| Grad | Anzahl der Nullstellen in $\mathbb{R}$ | Anzahl der Extremstellen in $\mathbb{R}$ | Anzahl der Wendestellen in $\mathbb{R}$ |
|---|---|---|---|
| $n=0$ | 0 oder bei $f(x)=0$ unendlich viele | 0 | 0 |
| $n=1$ | 1 | 0 | 0 |
| $n=2$ | 0, 1 (wenn der Scheitel die Nullstelle ist) oder 2 | 1 (= Scheitel) | 0 |
| $n=3$ | 1, 2 oder 3 | 0 oder 2 | 1 |
| $n=4$ | 0, 1, 2, 3 oder 4 | 1 oder 3 | 0 oder 2 |

Eine Polynomfunktion vom Grad n hat höchstens **n Nullstellen** und **n – 1 Extrempunkte**. Bei Funktionen ungeraden Grades ($n \geq 3$) gibt es mindestens einen Wendepunkt, bei geradem Grad ist die Anzahl der Wendepunkte entweder 0 oder ein (ganzzahliges) Vielfaches von 2.

Beispiele für Funktionen vom Grad 2, 3 und 4 mit jeweils gleicher Anzahl an Extrem- und Wendestellen, aber unterschiedlicher Anzahl an Nullstellen.

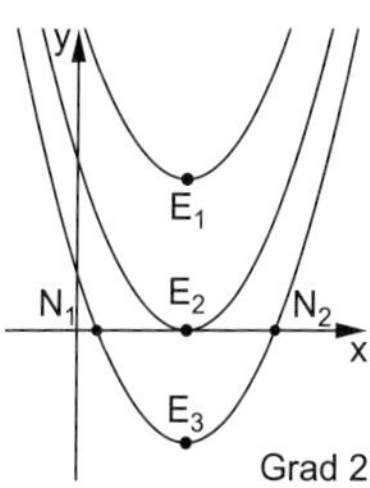

Grad 2

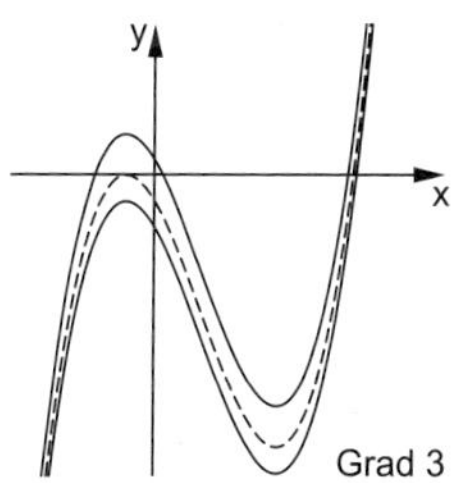

Grad 3

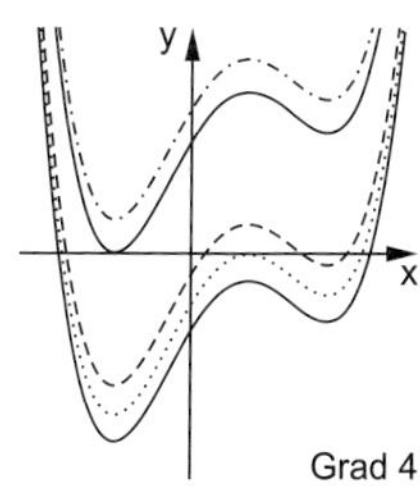

Grad 4

# FA 5 Exponentialfunktion

Exponentialfunktionen der Form $\mathbf{f(x) = b^x}$ mit $b \in \mathbb{R}^+$

Alle Funktionswerte sind positiv, die Graphen gehen durch die Punkte $(0|1)$ und $(1|b)$.

Die Funktion ist

- streng monoton steigend bei $b > 1$ (vgl. $f_1(x)$, $f_2(x)$, $f_3(x)$),
- streng monoton fallend bei $0 < b < 1$ (vgl. g(x)),
- konstant bei $b = 1$ (vgl. h(x)).

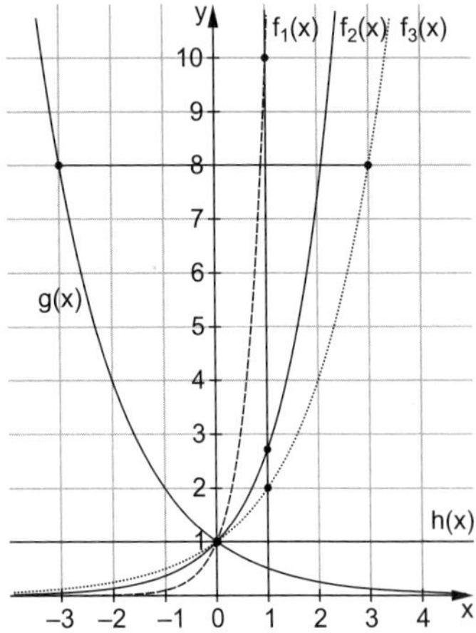


Exponentialfunktionen der Form $\mathbf{f(x) = a \cdot b^x}$ mit $a, b \in \mathbb{R}^+$

Alle Funktionswerte sind positiv, die Graphen gehen durch die Punkte $(0|a)$.

Die Funktion ist im Vergleich zu $f(x) = b^x$

- bei $a > 1$ gestreckt (vgl. g(x)),
- bei $0 < a < 1$ gestaucht (vgl. h(x)),
- bei $a = 1$ unverändert (vgl. f(x)).

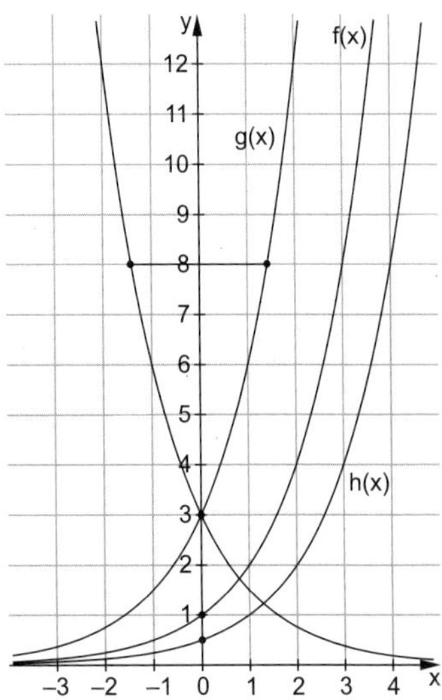


Exponentialfunktionen können auch mithilfe der Euler'schen Zahl e beschrieben werden: $f(x) = a \cdot e^{\lambda x}$, $\lambda \in \mathbb{R}$, $a \in \mathbb{R}^+$

## Wertepaare rechnerisch ermitteln

Um einen Funktionswert f(x) zu erhalten, setzt man für die Variable x eine bestimmte Zahl aus der Definitionsmenge ein. Sucht man einen Argumentwert x, setzt man eine bestimmte Zahl aus der Wertemenge für f(x) ein und formt die Gleichung nach x um.

## Wertepaare aus dem Funktionsgraphen von $f(x) = a \cdot b^x$ ablesen

$f(0) = a$, da $f(0) = a \cdot b^0$ und $b^0 = 1$ ist. Den Parameter a kann man also auf der y-Achse ablesen.
Um b zu berechnen, setzt man die Koordinaten eines Punktes des Graphen in die Funktionsgleichung ein. Der Punkt $(1 \mid f(1))$ ist dafür günstig, da er die Gleichung $f(1) = a \cdot b$ vereinfacht.

Gegeben ist der Graph einer Exponentialfunktion. Finden Sie die Gleichung dieser Funktion durch Ablesen bzw. Berechnung der Parameter.

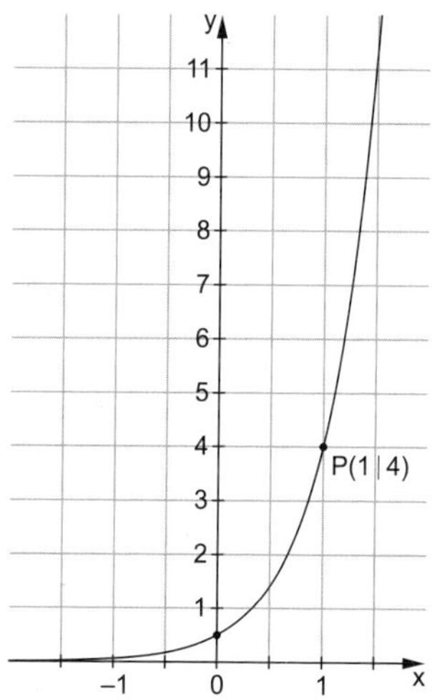


Es liegt eine Funktion der Form $f(x) = a \cdot b^x$ mit $a, b \in \mathbb{R}^+$ vor.
Auf der y-Achse kann $a = 0{,}5$ abgelesen werden. Setzt man den Punkt $(1 \mid 4)$ in die Funktionsgleichung ein, kann man b berechnen:

$$\begin{aligned} f(1) &= 4 \\ 0{,}5 \cdot b^1 &= 4 \\ b &= 8 \end{aligned}$$

Die Funktionsgleichung lautet:
$f(x) = 0{,}5 \cdot 8^x$

## Funktionsgleichung aus der Wertetabelle ermitteln

Man entnimmt aus der Wertetabelle zwei Wertepaare und stellt ein Gleichungssystem in zwei Gleichungen mit zwei Variablen auf. Dieses löst man nach a und b.

Von einer Exponentialfunktion sind die Punkte P(1|4) und Q(2|32) gegeben. Bestimmen Sie die Funktionsgleichung.

*Lösung:*

$$\left.\begin{array}{ll} \text{I} & 4 = a \cdot b^1 \\ \text{II} & 32 = a \cdot b^2 \end{array}\right\} \text{ Gleichungssystem lösen: } a = 0{,}5 \text{ und } b = 8$$

Die Funktionsgleichung lautet $f(x) = 0{,}5 \cdot 8^x$.

Ein Kapital $K_0$ wird für 10 Jahre mit einem effektiven jährlichen Zinssatz von p % verzinst. Aus der Tabelle lesen Sie jeweils das Kapital $K_n$ am Ende des n-ten Jahres ab. Geben Sie das Startkapital $K_0$ und den Zinssatz p % an.

| n | 1 | 2 | 3 | 4 | 5 | 6 | 7 |
|---|---|---|---|---|---|---|---|
| $K_n$ | 10 250 | 10 506,25 | 10 768,91 | 11 038,13 | 11 314,08 | 11 596,93 | 11 886,86 |

*Lösung:*

Man setzt zwei Wertepaare (z. B. n = 1 und $K_1$ sowie n = 2 und $K_2$) in die Formel $K_n = K_0 \cdot \left(1 + \frac{p}{100}\right)^n$ ein:

$$\text{I} \quad 10\,250 = K_0 \cdot \left(1 + \frac{p}{100}\right)^1 \qquad \text{umgeformt: } K_0 = \frac{10\,250}{1 + \frac{p}{100}}$$

$$\text{II} \quad 10\,506{,}25 = K_0 \cdot \left(1 + \frac{p}{100}\right)^2$$

Gleichungssystem lösen: $p = 2{,}5$ und $K_0 = 10\,000$

Das Startkapital von 10 000 € wurde mit einem Zinssatz von 2,5 % verzinst.

## Wirkung der Parameter

Gegeben sind drei Graphen von Exponentialfunktionen der Form $f(x) = a \cdot e^{\lambda \cdot x}$ mit gleichem Wert a, die einen Zuwachs darstellen. Es sei $\lambda_1 < \lambda_2 < \lambda_3$. Ordnen Sie den Funktionsgraphen die entsprechenden $\lambda_i$-Werte zu.

Bei streng monoton steigenden Funktionsgraphen gilt: je steiler der Funktionsgraph, desto größer der Wert $\lambda_i$.

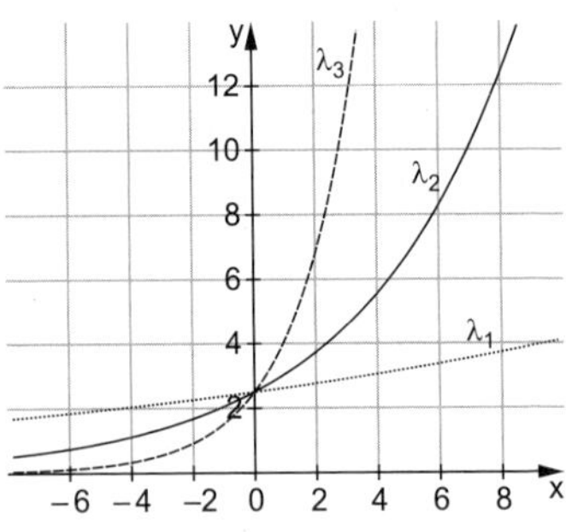

Bei streng monoton fallenden Funktionsgraphen der Form $f(x) = a \cdot e^{\lambda \cdot x}$ gilt: je steiler der Funktionsgraph, desto kleiner der Wert $\lambda_i$.

$p(x) = 2{,}5 \cdot e^{-0{,}5x}$

$q(x) = 2{,}5 \cdot e^{-0{,}2x}$

$r(x) = 2{,}5 \cdot e^{-0{,}05x}$

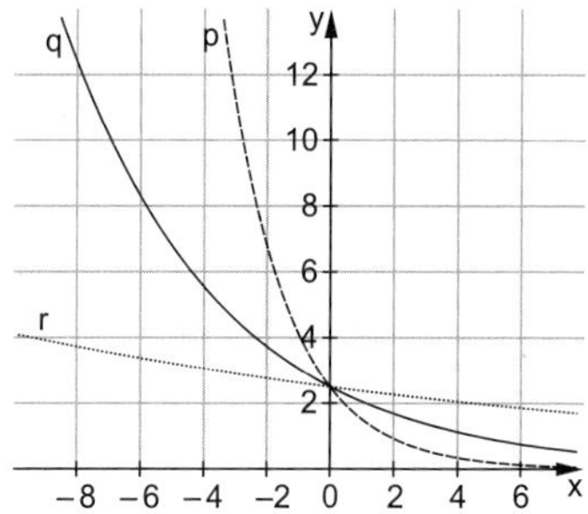


## Die charakteristische Eigenschaft f(x + 1) = b · f(x)

Gegeben ist die Exponentialfunktion $f(x) = 0{,}5 \cdot 2^x$.

Der Funktionsgraph geht durch die Punkte (0 | 0,5), (1 | 1), (2 | 2), (3 | 4), (4 | 8).

Wird das Argument x um 1 größer, dann steigt der Funktionswert y um 0,5; 1; 2; 4 usw., er verdoppelt sich also immer. Das heißt: Der Zuwachs wird stets verdoppelt.

Für die Funktion h gilt also: $f(x+1) = 2 \cdot f(x)$

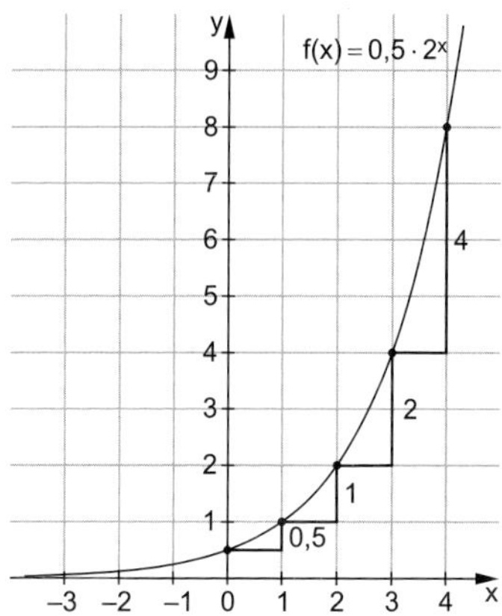


Allgemein gilt für eine Exponentialfunktion $f(x) = a \cdot b^x$:
$\mathbf{f(x+1) = b \cdot f(x)}$
Eine gleiche Zunahme der Argumente (hier um 1) zieht eine Erhöhung bzw. Verminderung der Funktionswerte um den gleichen Faktor bzw. den gleichen Prozentsatz (p %) mit sich.

Die Funktion f(x) könnte ein Bakterienwachstum darstellen. Dann würde sich in einer Stunde (x in Stunden) die Anzahl der Bakterien (auf der y-Achse ablesbar) verdoppeln bzw. um 100 % steigen.

Ordnen Sie den Texten die entsprechende Funktionsgleichung und den richtigen Graphen zu.

| | |
|---|---|
| Der Holzbestand eines Waldes beträgt 15 000 Festmeter und wächst in einem Jahr um 3,5 %. | $H(t) = 15\,000 \cdot 1{,}035^t$ |
| Ein heißer Tee hat eine Temperatur von 85 °C und kühlt pro Minute um 11 % ab. | $T(n) = 85 \cdot 0{,}89^n$ |
| Im Jahr 2014 gab es in einem Ort 4 000 Einwohner. 2015 waren es 20 weniger. Es wird angenommen, dass die Bevölkerungsabnahme auf Dauer in diesem Ort exponentiell ist. | $B(x) = 4\,000 \cdot 0{,}995^x$ |

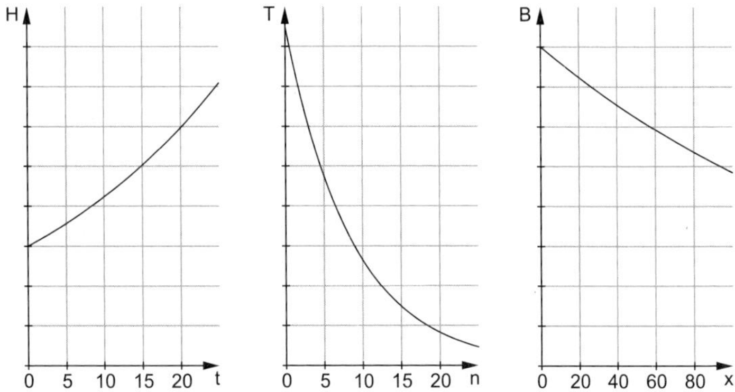


## Die Funktion $f(x) = e^x$ und ihre Ableitungsfunktion

Die Funktion $f(x) = e^x$ geht durch die Punkte $(0|1)$, $(1|e)$, $(2|e^2)$ usw.

Die Steigung der Tangente an der Stelle $x_1 = 0$ beträgt 1, an der Stelle $x_2 = 1$ beträgt sie e und an der Stelle $x_3 = 2$ beträgt sie $e^2$.

Man erkennt, dass die Anstiege $f'(x_i)$ an den Stellen $x_i$ den Funktionswerten $f(x_i)$ entsprechen. Daher ist die Ableitungsfunktion von $f(x) = e^x$ ebenfalls $f'(x) = e^x$.
Es gilt: $(e^x)' = e^x$

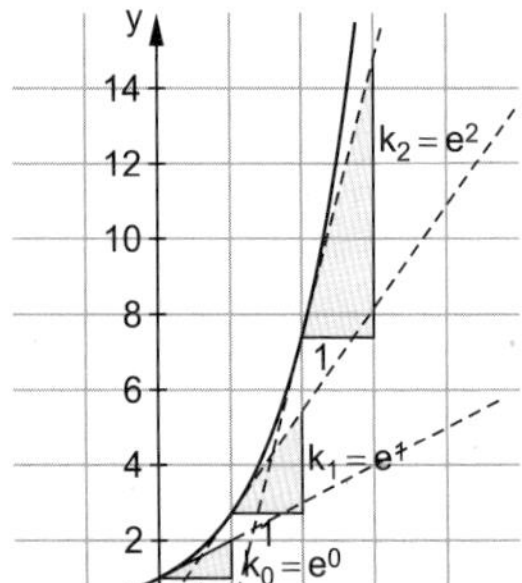

## Halbwertszeit und Verdopplungszeit

Die **Halbwertszeit τ** ist jene Zeit, in der sich eine bestimmte Anfangsmenge halbiert. Mit dem Gesetz $N(t) = N(0) \cdot e^{-\lambda \cdot t}$ lässt sich z. B. der Zerfall von radioaktiven Atomen beschreiben. N(t) ist die Anzahl der radioaktiven Atome zum Zeitpunkt t, N(0) jene zu Beginn. λ ist die Zerfallskonstante.

Man könnte auch die Formel $N(t) = N(0) \cdot a^t$ verwenden.

Die **Verdopplungszeit** ist jene Zeit, in der sich eine bestimmte Anfangsmenge verdoppelt (z. B. Bakterienwachstum).

Zum Lösen dieser Gleichungen benötigt man den Logarithmus.

Die Umkehroperation zum Potenzieren ist das Logarithmieren. Der Logarithmus zur Basis e (Euler'sche Zahl) heißt natürlicher Logarithmus (ln).

Für die Funktion $f(x) = \ln x$ gilt:
$D = \mathbb{R}^+$, $W = \mathbb{R}$,
$\ln 1 = 0$, weil $e^0 = 1$

Die wichtigsten Rechenregeln sind:
$\ln(a \cdot b) = \ln a + \ln b$,
$\ln x^n = n \cdot \ln x$,
$\ln e^x = x$, weil $\ln e = 1$

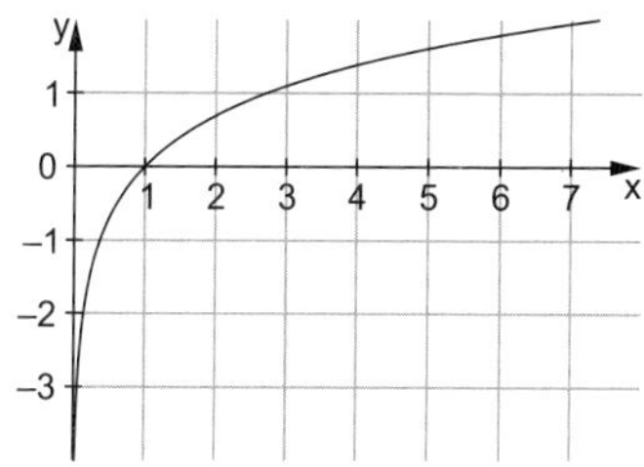


Uran hat eine Halbwertszeit von $4{,}5 \cdot 10^9$ Jahren.
a) Berechnen Sie die Zerfallskonstante von Uran.
b) Nach wie vielen Jahren sind noch 8 % der ursprünglichen Uranmenge vorhanden?

*Lösung:*

a) $N(t) = N(0) \cdot e^{-\lambda \cdot t}$ | Es gilt $N(\tau) = 0{,}5 \cdot N(0)$, da nach der Halbwertszeit noch die Hälfte der Anfangsmenge vorhanden ist.

$0{,}5 \cdot N(0) = N(0) \cdot e^{-\lambda \cdot \tau}$ | $: N(0)$

$0{,}5 = e^{-\lambda \cdot \tau}$ | ln (beachte $\ln e = 1$)

$\ln 0{,}5 = -\lambda \cdot \tau$ | für τ die Halbwertszeit einsetzen

$\lambda \approx 1{,}5 \cdot 10^{-10}$

b)

$$N(t) = N(0) \cdot e^{-\lambda \cdot t} \quad | N(t) = 0{,}08 \cdot N(0) \text{ einsetzen, da noch 8 \% der Menge vorhanden sind}$$

$$0{,}08 \cdot N(0) = N(0) \cdot e^{-\lambda \cdot t} \quad |: N(0)$$

$$0{,}08 = e^{-\lambda \cdot t} \quad | \ln \text{ (beachte } \ln e = 1)$$

$$\ln 0{,}08 = -\lambda \cdot t \quad | \text{für } \lambda \text{ den im Taschenrechner gespeicherten Wert einsetzen}$$

$$t \approx 1{,}6 \cdot 10^{10}$$

Nach ca. $1{,}6 \cdot 10^{10}$ Jahren sind noch 8 % der ursprünglichen Menge vorhanden.

Ein Waldbestand $W_0$ von 10 000 Festmetern wächst jährlich um 4 % ($a = 1{,}04$). Geben Sie die Verdopplungszeit dieses Waldbestandes an.

*Lösung:*

$$W(t) = 10\,000 \cdot 1{,}04^t \quad | W(t) = 2 \cdot W(0) \; (= 20\,000) \text{ einsetzen}$$

$$20\,000 = 10\,000 \cdot 1{,}04^t \quad |: 10\,000$$

$$t \approx 17{,}7$$

Nach ca. 17,7 Jahren hat sich der Waldbestand verdoppelt.

## Beschreibungen mithilfe von Exponentialfunktionen

Ein **Wachstum** bzw. eine **Abnahme** kann mit einer Exponentialfunktion angenähert werden, wenn gilt:

- Die prozentuelle (relative) Änderung pro Zeiteinheit ist gleich (konstant).
- Der Anfangswert ist positiv.

Zunahme/Wachstum

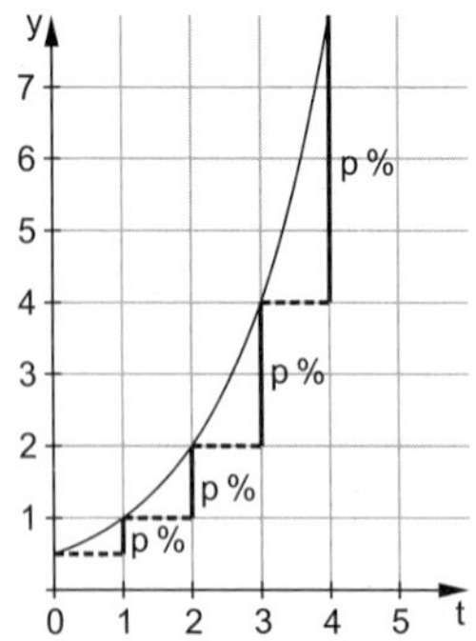


Abnahme/Zerfall

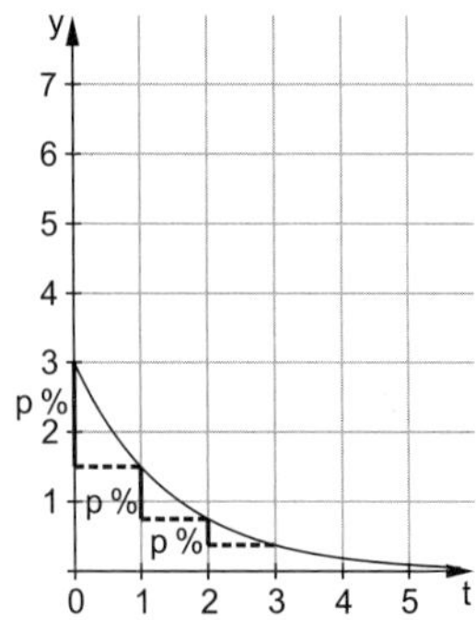

# FA 6 Sinusfunktion, Cosinusfunktion

## Sinusfunktion

Der Graph der Sinusfunktion $f(x) = \sin(x)$ ähnelt einer Welle.

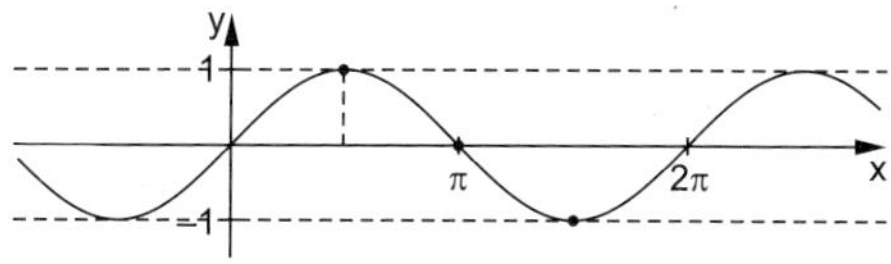


Wertetabelle der Sinusfunktion für einige Vielfache von π (im Bogenmaß):

| x | $0$ | $\frac{\pi}{4}$ | $\frac{\pi}{2}$ | $\frac{3\pi}{4}$ | $\pi$ | $\frac{5\pi}{4}$ | $\frac{3\pi}{2}$ | $\frac{7\pi}{4}$ | $2\pi$ |
|---|---|---|---|---|---|---|---|---|---|
| $f(x) = \sin(x)$ | $0$ | $\frac{\sqrt{2}}{2}$ | $1$ | $\frac{\sqrt{2}}{2}$ | $0$ | $-\frac{\sqrt{2}}{2}$ | $-1$ | $-\frac{\sqrt{2}}{2}$ | $0$ |

Die Sinusfunktion $f(x) = \sin(x)$ ist **2π-periodisch**, die **Nullstellen** sind an den Stellen $x = 0, \pi, 2\pi, \ldots$, kurz $x = k \cdot \pi,\ k \in \mathbb{Z}$.

Die Nullstellen sind zugleich die **Wendestellen**.

Die **Extremstellen** der Funktion $f(x) = \sin(x)$ sind bei $x = \frac{\pi}{2},\ 3\frac{\pi}{2},\ 5\frac{\pi}{2}$, kurz $x = \frac{\pi}{2} + k \cdot \pi,\ k \in \mathbb{Z}$.

Der zugehörige y-Wert ist bei den Hochpunkten 1 und bei den Tiefpunkten –1.

## Die Bedeutung der Parameter a und b bei $f(x) = a \cdot \sin(b \cdot x)$

| Parameter $a, b \in \mathbb{R}$ | am Graphen | im Kontext |
|---|---|---|
| a | • $\lvert a \rvert > 1$: vertikale Streckung<br>• $0 < \lvert a \rvert < 1$: vertikale Stauchung<br>• $a \in \mathbb{R}^-$: zusätzlich Spiegelung an der x-Achse | Änderung der Amplitude<br>Beispiel: Bei der Funktion $f_3(x) = 3 \cdot \sin(x)$ ist die Amplitude dreimal so hoch. |
| b | • $\lvert b \rvert > 1$: horizontale Stauchung<br>• $0 < \lvert b \rvert < 1$: horizontale Streckung<br>• $b \in \mathbb{R}^-$: zusätzlich Spiegelung an der x-Achse | Änderung der Frequenz (Periode)<br>Beispiel: Die Funktion $f_2(x) = \sin(2x)$ hat die doppelte Frequenz bzw. die halbe Periode. |

Ordnen Sie den Graphen ihre jeweiligen Funktionsgleichungen zu.

a) $f_1(x) = \sin(x)$; $f_2(x) = \sin(2x)$; $f_3(x) = 3 \cdot \sin(x)$; $f_4(x) = \frac{1}{2}\sin(x)$

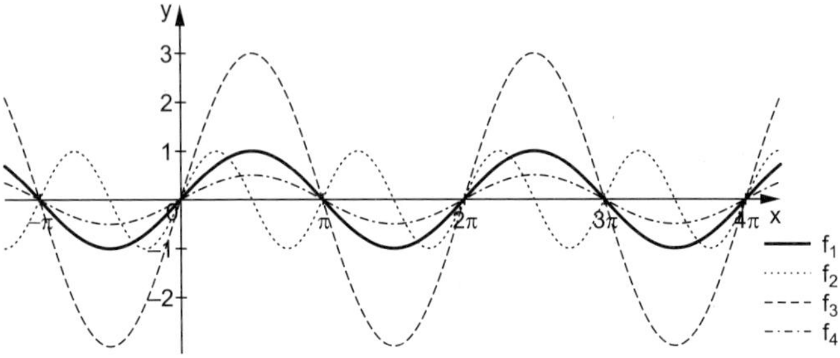


b) $f_1(x) = \sin(x)$; $f_2(x) = \sin(\frac{x}{3})$; $f_3(x) = 2 \cdot \sin(\frac{x}{3})$

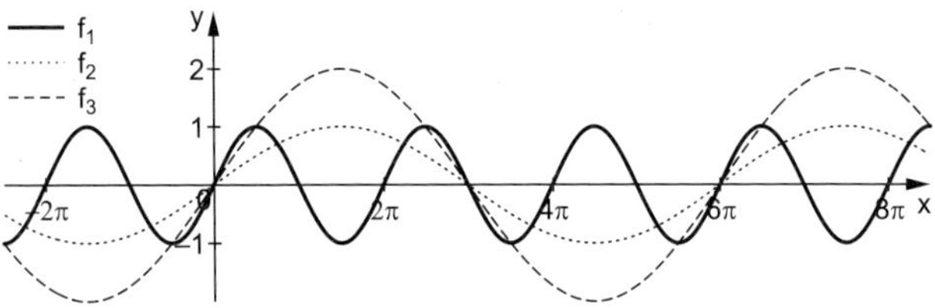


## Periodizität

Zeichnen Sie die Periodenlängen der Funktionen ein.

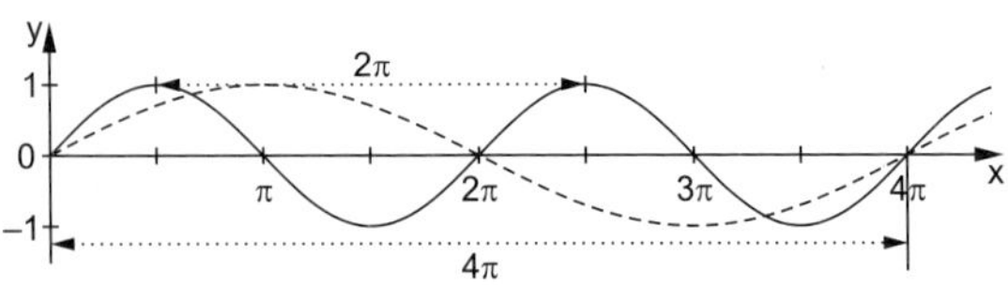


## Cosinusfunktion

Es gilt $\cos(x) = \sin(x + \frac{\pi}{2})$.

Der Graph der Cosinusfunktion $f(x) = \cos(x)$ ist der Graph der um $\frac{\pi}{2}$ nach links verschobenen Sinusfunktion $g(x) = \sin(x)$.

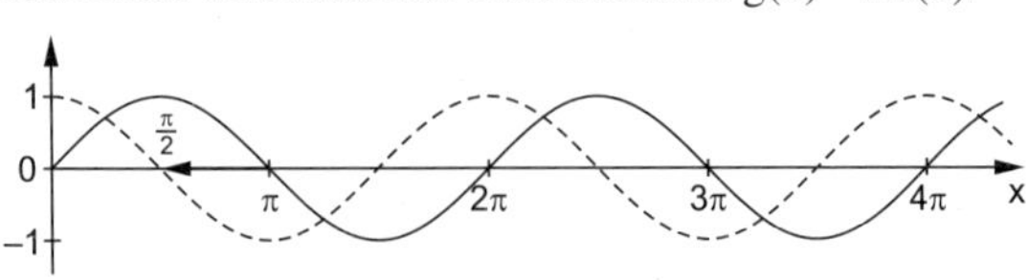

## Ableitungen

Für die Ableitung der Funktionen gilt:
$[\sin(x)]' = \cos(x)$
$[\cos(x)]' = -\sin(x)$

Kreuzen Sie die Ableitungsfunktion von $f(x) = \sin(x)$ an.

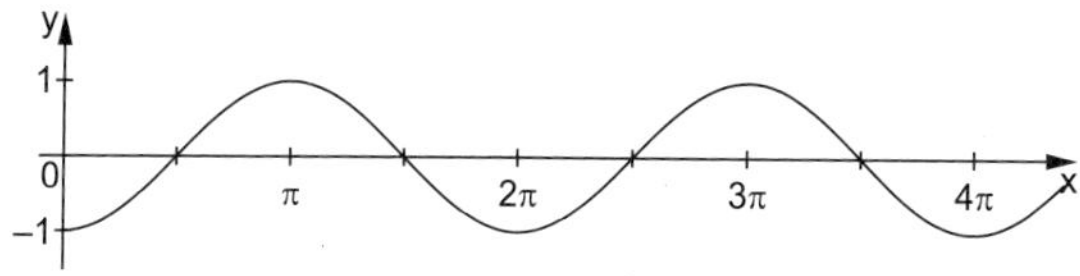


☐

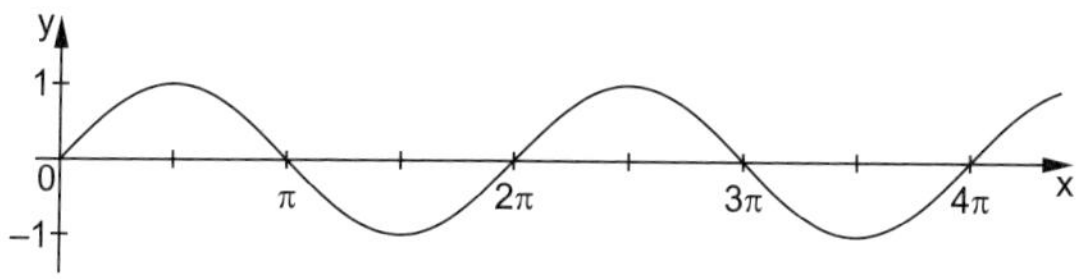


☐

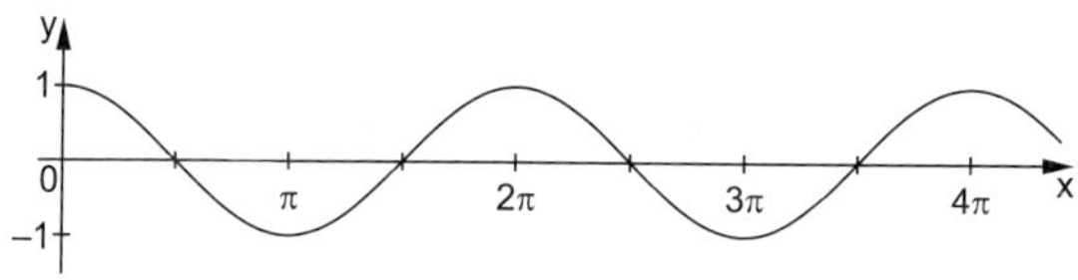


☒

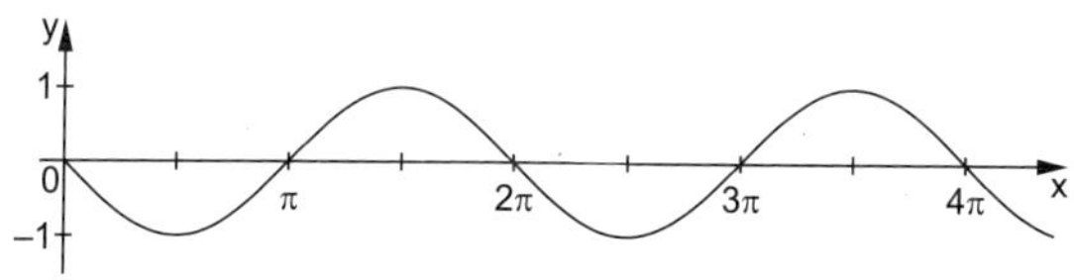


☐

# Analysis

## AN 1 Änderungsmaße

### Berechnung einfacher Differenzenquotienten

Es sei f eine reelle Funktion f: [a; b] $\to \mathbb{R}$.

Die **absolute Änderung** von f im Intervall [a; b] ist die Differenz $f(b) - f(a) \in \mathbb{R}$ der Funktionswerte.

Die **relative Änderung** von f im Intervall [a; b] ist das Verhältnis $\frac{f(b) - f(a)}{f(a)} \in \mathbb{R}$ der Differenz der Funktionswerte zum Anfangsfunktionswert. Wird die relative Änderung mit 100 multipliziert, dann spricht man von der **prozentuellen** Änderung: $\frac{f(b) - f(a)}{f(a)} \cdot 100$

Die **mittlere Änderungsrate** (**Differenzenquotient**) von f im Intervall [a; b] ist das Verhältnis $\frac{f(b) - f(a)}{b - a} \in \mathbb{R}$ der Änderung der Funktionswerte zur Änderung der Argumente.

Der **Änderungsfaktor** $\frac{f(b)}{f(a)} \in \mathbb{R}$ von f im Intervall [a; b] ist jener Faktor, mit dem der Anfangsfunktionswert f(a) multipliziert wird, um den Endfunktionswert f(b) zu erhalten: $f(a) \cdot \frac{f(b)}{f(a)} = f(b)$

Gegeben ist der Graph der Funktion $s(t) = 5 \cdot t^2$. Geben Sie die absolute und die relative Änderung sowie die mittlere Änderungsrate von s im Intervall [1; 3] an.

- Absolute Änderung im Intervall [1; 3]:
  $s(3) - s(1) = 45 - 5 = 40$
- Relative Änderung im Intervall [1; 3]:
  $\frac{s(3) - s(1)}{s(1)} = \frac{45 - 5}{5} = 8$
- Mittlere Änderungsrate im Intervall [1; 3]:
  $\frac{s(3) - s(1)}{3 - 1} = \frac{45 - 5}{2} = 20$

Die Bedeutung im Kontext:
Die gegebene Funktion $s(t) = 5 \cdot t^2$ stellt annähernd den zurückgelegten Weg s(t) in Metern eines frei fallenden Körpers nach t Sekunden dar.

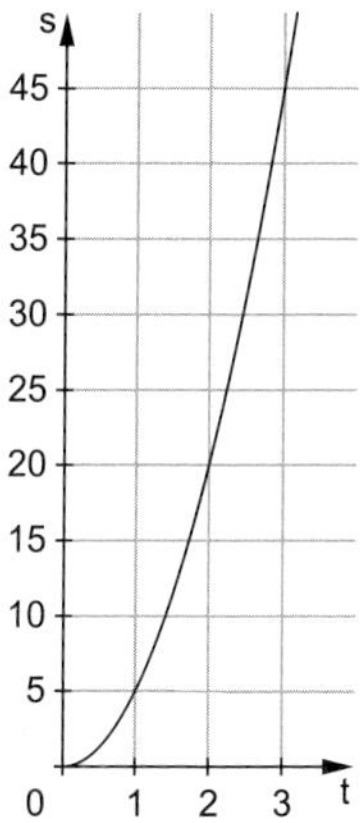


Die *absolute Änderung* im Intervall [1; 3] bedeutet, dass der fallende Körper in der zweiten und dritten Sekunde insgesamt 40 m zurücklegt. Die *relative Änderung* im Intervall [1; 3] bedeutet, dass der zurückgelegte Weg nach drei Sekunden acht Mal so lang ist wie jener nach einer Sekunde. Die *mittlere Änderungsrate* im Intervall [1; 3] bedeutet, dass in diesem Intervall durchschnittlich 20 m/s zurückgelegt werden.

## Differenzen- und Differentialquotient

Es sei f eine Funktion durch die Punkte A(a | f(a)) und B(b | f(b)).
Die Steigung der Sekante durch A und B ist $\frac{f(b)-f(a)}{b-a}$. Dies ist der **Differenzenquotient** von f im Intervall [a; b] (siehe linke Abbildung). Wandert nun der Punkt B entlang des Funktionsgraphen beliebig nah zum Punkt A, werden die Abstände $f(b) - f(a) = \Delta y$ sowie $b - a = \Delta x$ beliebig klein und die Sekante wird zur Tangente. Die Steigung k der **Tangente** in A kann als sogenannter Grenzwert (lim) der Sekantensteigung gesehen werden: $k = \lim\limits_{b \to a} \frac{f(b)-f(a)}{b-a}$. Der Grenzwert $f'(a) = \lim\limits_{b \to a} \frac{f(b)-f(a)}{b-a}$ ist der **Differentialquotient** der Funktion f an der Stelle a (siehe mittlere Abbildung). Äquivalent dazu wird auch die Schreibweise $f'(x) = \lim\limits_{\Delta x \to 0} \frac{f(x+\Delta x)-f(x)}{\Delta x}$ verwendet.

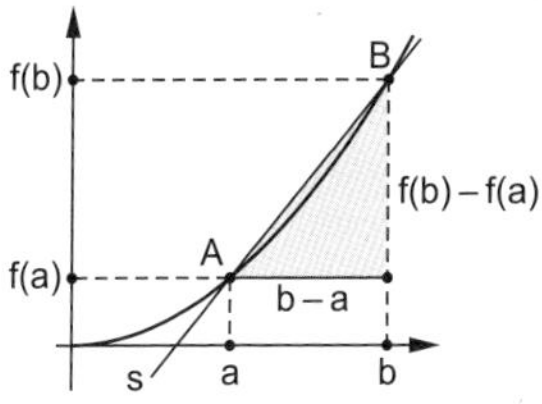


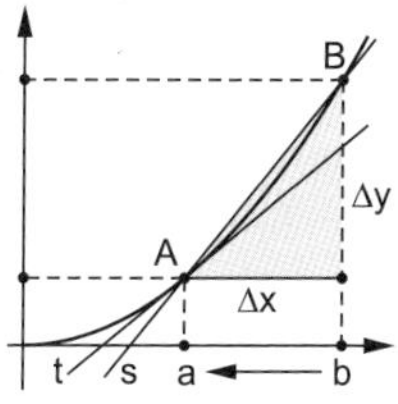


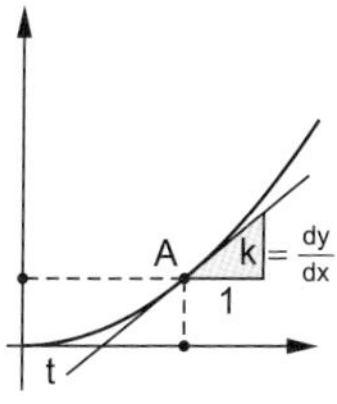


Leibniz'sche Schreibweise: $\lim\limits_{\Delta x \to 0} \frac{\Delta y}{\Delta x} = \frac{dy}{dx}$ (sprich: „dy nach dx“)

## Mittlere und momentane Änderungsrate

Wird $x \in [a; b]$ um eins vergrößert, dann ändert sich f(x) im Intervall [a; b] durchschnittlich um den Differenzenquotienten $k = \frac{\Delta y}{\Delta x}$ (mittlere Änderungsrate).
Die momentane Änderungsrate ist der Grenzwert der mittleren Änderungsrate, also der Differentialquotient $\frac{dy}{dx} = \lim\limits_{\Delta x \to 0} \frac{\Delta y}{\Delta x}$.

Im Kontext zum obigen Beispiel des freien Falls mit der Funktion $s(t) = 5 \cdot t^2$: Die momentane Änderungsrate an der Stelle t = 1 ist der Differentialquotient $\frac{ds}{dt} = \lim\limits_{\Delta t \to 0} \frac{\Delta s}{\Delta t}$.

Um den Grenzwert zu ermitteln, eignet sich eine Tabelle mit immer kleiner werdenden Intervallen $[t_0; t_1]$.

| $t_0$ | $t_1$ | $\Delta t$ | $s(t_0)$ | $s(t_1)$ | $\Delta s$ | $\frac{\Delta s}{\Delta t}$ |
|---|---|---|---|---|---|---|
| 1 | 3 | 2 | 5 | 45 | 40 | 20 |
| 1 | 2 | 1 | 5 | 20 | 15 | 15 |
| 1 | 1,5 | 0,5 | 5 | 11,25 | 6,25 | 12,5 |
| 1 | 1,05 | 0,05 | 5 | 5,5125 | 0,5125 | 10,25 |
| 1 | 1,001 | 0,001 | 5 | 5,010005 | 0,010005 | 10,005 |
| 1 | 1,00001 | 0,00001 | 5 | 5,000100001 | 0,000100001 | 10,0001 |
| 1 | fast 1 | fast 0 | 5 | fast 5 | fast 0 | **10** |

Die momentane Änderungsrate der Funktion s(t) an der Stelle t = 1 beträgt 10. Dies bedeutet, dass zum Zeitpunkt t = 1 der Körper mit einer Momentangeschwindigkeit von 10 m/s fällt. Die Steigung k der Tangente an die Funktion s(t) im Punkt (1 | 5) ist 10.

## Stetigkeit und Differenzierbarkeit

Vereinfacht gesagt: Eine Funktion ist *stetig*, wenn ihr Graph ohne Absetzen des Stiftes gezeichnet werden kann (keine Lücken, keine Sprungstellen). Eine Funktion ist *differenzierbar*, wenn ihr Graph ohne Absetzen des Stiftes gezeichnet werden kann und keinen „Knick“ aufweist.

Eine stetige Funktion f(x) heißt an der Stelle $x_0$ **differenzierbar**, wenn der Grenzwert $f'(x_0) = \lim\limits_{x \to x_0} \frac{f(x) - f(x_0)}{x - x_0}$ existiert. Dies ist dann der Fall, wenn der linksseitige und der rechtsseitige Grenzwert übereinstimmen. Der Grenzwert heißt **Ableitung** von f(x) an der Stelle $x_0$.

Eine stetige Funktion gilt als differenzierbar, wenn sie an jeder Stelle ihres Definitionsbereichs differenzierbar ist.

## Graphische Interpretation des Differenzen- und Differentialquotienten

Ist der Differenzenquotient $\frac{f(b) - f(a)}{b - a}$ im Intervall [a; b]

- positiv, dann steigt f im Mittel in [a; b].
- negativ, dann fällt f im Mittel in [a; b].
- null, dann ist f in [a; b] im Ganzen gesehen weder fallend noch steigend. Die Funktion f kann, muss aber nicht, konstant sein. Es ist $f(b) - f(a) = 0$.

Ist der Differentialquotient $\lim\limits_{b \to a} \frac{f(b) - f(a)}{b - a}$ an einer Stelle a

- positiv, dann steigt f an dieser Stelle. Die Tangente im Punkt $(a \mid f(a))$ ist steigend.
- negativ, dann fällt f an dieser Stelle. Die Tangente im Punkt $(a \mid f(a))$ ist fallend.
- null, dann hat f im Punkt $(a \mid f(a))$ eine waagrechte Tangente.

## Bedeutung des Differenzen- und Differentialquotienten in verschiedenen Kontexten

| Argument | Funktionswert | Differenzenquotient | Differentialquotient |
|---|---|---|---|
| Zeit t | Wachstum f(t) einer Bakterienkultur | durchschnittliche Wachstumsgeschwindigkeit einer Bakterienkultur im Zeitintervall $\Delta t$ | momentane Wachstumsgeschwindigkeit zu einem bestimmten Zeitpunkt |
| Zeit t | Zerfall N(t) von radioaktiven Teilchen | mittlere Zerfallsrate der Teilchen im Zeitintervall $\Delta t$ | momentane Zerfallsrate zu einem bestimmten Zeitpunkt |

| Argument | Funktionswert | Differenzenquotient | Differentialquotient |
|---|---|---|---|
| Zeit t | zurückgelegter Weg s(t) | Durchschnittsgeschwindigkeit im Zeitintervall $\Delta t$ | momentane Geschwindigkeit zu einem bestimmten Zeitpunkt |
| Höhe x | Luftdruck p(x) | mittlere Änderungsrate des Luftdrucks im Höhenintervall $\Delta x$ | momentane Änderungsrate des Luftdruckes in einer bestimmten Höhe |
| produzierte Menge x | Produktionskosten K(x) | durchschnittlicher Produktionskostenzuwachs im Intervall $\Delta x$ | momentaner Produktionskostenzuwachs der Menge |
| Zeit t | Höhe des Wasserspiegels h(t) einer ausfließenden Badewanne | durchschnittliche Änderungsrate der Wasserhöhe im Zeitintervall $\Delta t$ | momentane Änderungsrate der Wasserhöhe zu einem bestimmten Zeitpunkt |
| Zeit t | Geschwindigkeit v(t) eines Autos | mittlere Beschleunigung des Autos im Zeitintervall $\Delta t$ | momentane Beschleunigung des Autos zu einem bestimmten Zeitpunkt |
| Zeit t | Arbeit W(t) | durchschnittliche Leistung im Zeitintervall $\Delta t$ | momentane Leistung zu einem bestimmten Zeitpunkt |
| x | f(x) | Sekantensteigung | Tangentensteigung |

## Differenzengleichung

Eine **Differenzengleichung** simuliert einen dynamischen Prozess, wobei aus einem Modell zu bestimmten Zeitpunkten die **Bestandsgrößen** (Lagerbestand, Populationsgröße, Kapitalhöhe, …) und zu bestimmten Zeitintervallen die **Flussgrößen** (Verkauf pro Woche, Populationszuwachs pro Jahr, Zinsen pro Jahr, …) berechnet werden. Die Änderung der Bestandsgrößen wird mit der Differenzengleichung angegeben.

Diskrete Wachstumsprozesse können *unbeschränkt*, *beschränkt* oder *logistisch* sein.

**Unbeschränktes Wachstum:** Der Müll eines Ortes erhöht sich jährlich um 2 %. Im vergangenen Jahr wurden M(t) Tonnen Müll entsorgt. Stellen Sie eine Differenzengleichung auf, mit der die Müllmenge in den folgenden Jahren berechnet werden kann.

*Lösung:*

$M(t)$ … Müllmenge in Tonnen im vergangenen Jahr

$M(t+1)=M(t)+0{,}02\cdot M(t)$ … Neue Müllmenge = alte Müllmenge + Zuwachs (der Zuwachs ist direkt proportional zur Müllmenge M(t))

Subtraktion von M(t) ergibt die Differenzengleichung:

$M(t+1)-M(t)=0{,}02\cdot M(t)$

Allgemein gilt für Differenzengleichungen bei unbeschränktem Wachstum: $\mathbf{P(t+1)-P(t)=k\cdot P(t)}$

**Beschränktes Wachstum:** Ein bestimmtes ökologisches System verträgt maximal 1 000 Exemplare einer Tierart (ist auf 1 000 Exemplare beschränkt). Der jährliche Zuwachs beträgt 15 % und verändert sich proportional zum noch vorhandenen Freiraum. Stellen Sie eine Differenzengleichung auf, mit der die Anzahl der vorhandenen Exemplare pro Jahr berechnet werden kann.

*Lösung:*

$P(t)$ … Populationsbestand zum Zeitpunkt t
$G=1\,000$ … Sättigungsmenge
$k=0{,}15$ … Änderungsrate
$G-P(t)$ … Freiraum

$P(t+1)-P(t)=0{,}15\cdot(1\,000-P(t))$

$\mathbf{P(t+1)-P(t)=k\cdot(G-P(t))}$ … Populationszuwachs mittels Differenzengleichung

Das **logistische Wachstum** kann mehrere Einflussfaktoren berücksichtigen. Das obige Beispiel könnte so erweitert werden, dass der jährliche Zuwachs proportional zum Produkt aus dem noch vorhandenen Freiraum und dem jeweiligen Bestand ist.

$\mathbf{P(t+1)-P(t)=k\cdot P(t)\cdot(G-P(t))}$ … Populationszuwachs mittels Differenzengleichung

## AN 2 Regeln für das Differenzieren

**Konstantenregel:** $[k \cdot f(x)]' = k \cdot f'(x)$
Konstante Faktoren bleiben unverändert.

**Summen- und Differenzenregel:**
$[f(x) \pm g(x)]' = f'(x) \pm g'(x)$
Jeder Summand wird einzeln differenziert.

**Produktregel:**
$[f(x) \cdot g(x)]' = f'(x) \cdot g(x) + f(x) \cdot g'(x)$

**Kettenregel:**
$(f \circ g)'(x) = [f(g(x))]' = f'(g(x)) \cdot g'(x)$
Ableitung der äußeren Funktion mal der Ableitung der inneren Funktion (kurz: äußere mal innere Ableitung)

| Funktion $f(x) =$ | Ableitungsfunktion $f'(x) =$ |
|---|---|
| $c$ | $0$ |
| $k \cdot x$ | $k$ |
| $x^n$ | $n \cdot x^{n-1}$ |
| $\sin(x)$ | $\cos(x)$ |
| $\cos(x)$ | $-\sin(x)$ |
| $e^x$ | $e^x$ |

$f(x) = 3x + 5$ — $f'(x) = 3$
$f(x) = x^4$ — $f'(x) = 4 \cdot x^3$
$f(x) = 2x^4 - 3x^2 + 5x$ — $f'(x) = 8x^3 - 6x + 5$
$f(x) = \sin(3x)$ — $f'(x) = \cos(3x) \cdot 3$
$f(x) = 4 \cdot \cos(x)$ — $f'(x) = -4 \cdot \sin(x)$

## AN 3 Ableitungsfunktion/Stammfunktion

Die Ableitungsfunktion gibt den Differentialquotienten (die Tangensteigung) der Funktion an jeder Stelle x an.

Ist f'(x) die Ableitungsfunktion von f(x), so ist f(x) eine **Stammfunktion** von f'(x).

Zu einer Ableitungsfunktion gibt es unendlich viele Stammfunktionen, die sich nur durch eine additive Konstante $c \in \mathbb{R}$ unterscheiden (grafisch: Verschiebung entlang der y-Achse).

Wird die Ableitungsfunktion f'(x) nochmals differenziert, spricht man von der **2. Ableitungsfunktion** f''(x).

## Funktionen und ihre Ableitungsfunktionen

Die drei quadratischen Funktionen
$f(x) = x^2$ (durchgezogen),
$g(x) = x^2 + 3$ (gestrichelt) und
$h(x) = x^2 - 1$ (gepunktet)
haben dieselbe Ableitungsfunktion:
$f'(x) = 2x$ (fett)

Die drei quadratischen Funktionen sind Stammfunktionen der Funktion $f'(x) = 2x$.

Allgemein hat die Stammfunktion die Gleichung $F(x) = x^2 + c$.

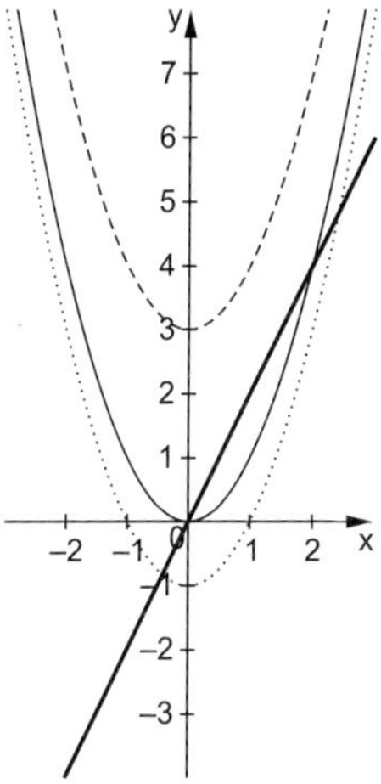


Erklären Sie den Zusammenhang der Monotonie dieser drei Stammfunktionen mit der Ableitungsfunktion $f'(x) = 2x$.

*Lösung:*
Die Monotonie der drei Stammfunktionen ist gleich. Im Intervall $(-\infty; 0]$ ist die Steigung der Funktionsgraphen negativ, der Graph der Ableitungsfunktion ist unterhalb der x-Achse, d. h. im negativen Bereich der y-Achse. Im Intervall $[0; \infty)$ ist die Steigung positiv, der Graph der Ableitungsfunktion ist oberhalb der x-Achse, d. h. im positiven Bereich der y-Achse.

Die Funktion $g(x) = 2x - 1$ ist eine *lineare Funktion*, ihre Ableitungsfunktion ist die konstante Funktion $g'(x) = 2$, weil die Steigung der Funktion g(x) an jeder Stelle 2 ist.

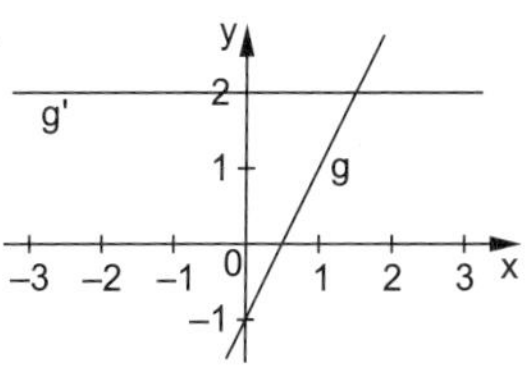

Die Funktion $f(x) = 3x^2 - 1$ ist eine *quadratische Funktion* (Parabel), ihre Ableitungsfunktion ist die lineare Funktion $f'(x) = 6x$.

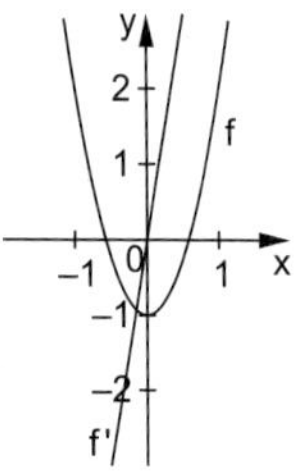


| Stelle/Intervall | Funktion f(x) | Ableitungsfunktion f'(x) |
|---|---|---|
| $x = 0$ | Extremstelle | Nullstelle |
| $x \in (-\infty; 0]$ | streng monoton *fallend* | Die Funktionswerte sind *negativ*, der Graph liegt im negativen Bereich der y-Achse. |
| $x \in [0; \infty)$ | streng monoton *steigend* | Die Funktionswerte sind *positiv*, der Graph liegt im positiven Bereich der y-Achse. |
| alle x | *positiv* (links) gekrümmt, nach oben geöffnete Parabel | *positive* (streng monotone) Steigung |

Die Funktion $h(x) = 0{,}5x^3 + 2x^2 - 4x$ ist eine *Polynomfunktion 3. Grades*, ihre Ableitungsfunktion ist die quadratische Funktion $h'(x) = 1{,}5x^2 + 4x - 4$.

Die Extremstellen $x_H$ und $x_T$ der Funktion h(x) sind die Nullstellen der Ableitungsfunktion h'(x).

In den Intervallen $(-\infty; x_H]$ und $[x_T; \infty)$ ist die Funktion h(x) streng monoton steigend. Im Intervall $[x_H; x_T]$ ist die Funktion h(x) streng monoton fallend.

Die Wendestelle $x_W$ der Funktion h(x) ist die Extremstelle (Tiefpunkt) der Ableitungsfunktion h'(x).

Die Funktion h(x) ist im Intervall $(-\infty; x_W]$ *negativ* (rechts) gekrümmt. Ihre Ableitungsfunktion h'(x) hat in diesem Intervall eine *negative* Steigung.

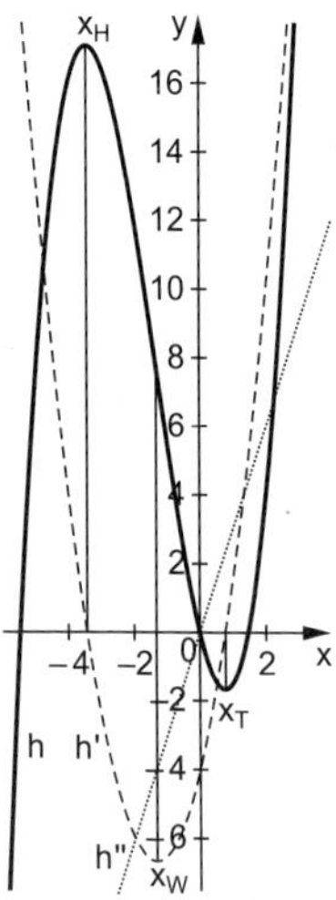

Die zweite Ableitungsfunktion h''(x) ist eine lineare Funktion und in diesem Intervall unterhalb der x-Achse, hat also *negative* Funktionswerte, somit ist h(x) *negativ* gekrümmt.

Die Funktion h(x) ist im Intervall $[x_W; \infty)$ *positiv* (links) gekrümmt. Ihre Ableitungsfunktion h'(x) hat in diesem Intervall eine *positive* Steigung. Die zweite Ableitungsfunktion h''(x) ist eine lineare Funktion und in diesem Intervall oberhalb der x-Achse, hat also *positive* Funktionswerte, somit ist h(x) *positiv* gekrümmt.

## Monotonie und Extrempunkte (vgl. Seite 25)

Ein **Extrempunkt** liegt dann vor, wenn die Tangentensteigung null ist.
Hochpunkt: $f'(x)=0,\ f''(x)<0$
Tiefpunkt: $f'(x)=0,\ f''(x)>0$
Sattelpunkt: $f'(x)=0,\ f''(x)=0$

Ein **globales Extremum** ist der höchste bzw. niedrigste Funktionswert in einem gegebenen Intervall.

## Krümmung und Wendepunkte (vgl. Seite 25)

Eine Funktion f(x) ist an der Stelle x **positiv (links) gekrümmt** (◡↗), wenn gilt: $f''(x)>0$ (positiv). Die Tangenten an die Funktion drehen nach links.

Eine Funktion f(x) ist an der Stelle x **negativ (rechts) gekrümmt** (⌒↘), wenn gilt: $f''(x)<0$ (negativ). Die Tangenten an die Funktion drehen nach rechts.

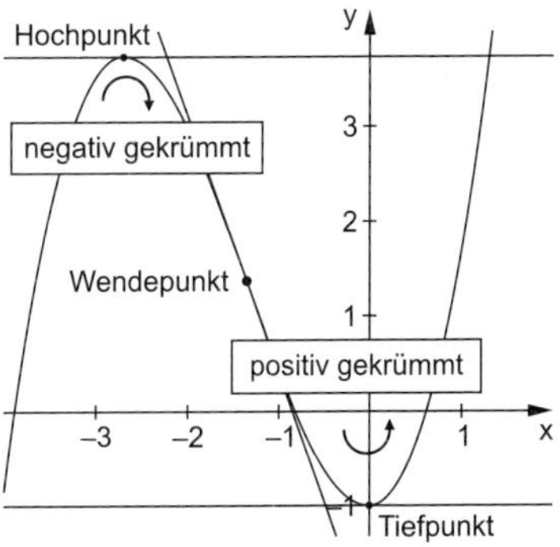


Ein **Wendepunkt** liegt dann vor, wenn sich das Krümmungsverhalten ändert; es gilt dann: $f''(x)=0$ und $f'''(x)\neq 0$

Ordnen Sie der Funktion ihre Ableitungsfunktion zu.

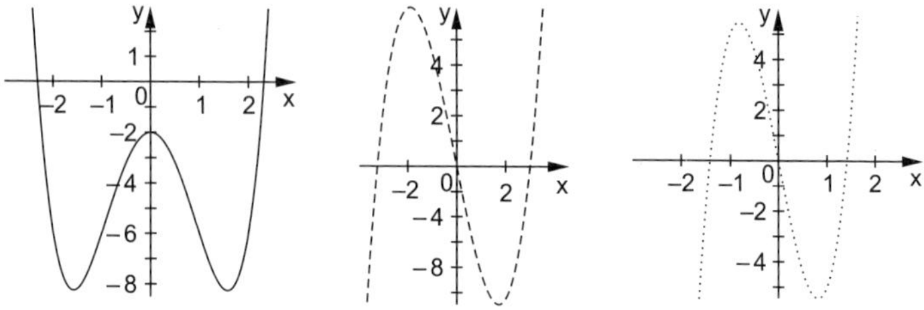


*Lösung:*
Die gepunktete Funktion ist die Ableitungsfunktion der schwarzen Funktion, weil die Extremwerte der Funktion (schwarz) an den gleichen Stellen der Nullstellen der Ableitungsfunktion (gepunktet) sind.

Die Funktionsgleichung lautet $f(x) = x^4 - 5x^2 - 2$. Ermitteln Sie die Nullstellen, die Extrempunkte und die Wendepunkte.

*Lösung:*
Nullstellen (man setzt $f(x) = 0$): $N_1(-2{,}32 \mid 0)$, $N_2(2{,}32 \mid 0)$. Extremstellen (man setzt $f'(x) = 0$): Für den Hochpunkt $H(0 \mid -2)$ gilt $f''(0) < 0$, für die Tiefpunkte $T_1(-1{,}58 \mid -8{,}25)$ und $T_2(1{,}58 \mid -8{,}25)$ gilt $f''(-1{,}58) > 0$ und $f''(1{,}58) > 0$. Wendepunkte (man setzt $f''(x) = 0$): $W_1(-0{,}91 \mid -5{,}45)$ und $W_2(0{,}91 \mid -5{,}45)$. Es gilt $f'''(-0{,}91) \neq 0$ und $f'''(0{,}91) \neq 0$.

## AN 4 Summation und Integral

F ist eine **Stammfunktion** von f, wenn $F'(x) = f(x)$ gilt.
Falls so eine Stammfunktion F(x) für die Funktion f(x) existiert, ist die Funktion f(x) **integrierbar**. Das Finden einer solchen Stammfunktion heißt „integrieren“. Hat man eine Stammfunktion F(x) gefunden, können alle weiteren Stammfunktionen durch die Addition mit einer reellen Konstanten c (= Integrationskonstante) angegeben werden.
Die Menge aller Stammfunktionen $y = F(x) + c$ wird als **unbestimmtes Integral** bezeichnet und folgendermaßen angeschrieben:

$$\int f(x)\,dx = F(x) + c$$

Das Integrieren ist die entgegengesetzte Rechenoperation zum Differenzieren.

Das **bestimmte Integral** beschreibt den Flächeninhalt (= reelle Zahl), den eine Funktion f(x) in einem Intervall [a; b] mit der x-Achse einschließt. Dazu benötigt man die Intervallgrenzen a und b. Liegt der Graph oberhalb der x-Achse, ist der Wert des Integrals positiv, liegt er unterhalb, ist er negativ. Liegt er sowohl ober- als auch unterhalb, gibt der Wert eine Flächenbilanz an. Bei der Berechnung ist die Lage des Graphen zu beachten (siehe Beispiel auf Seite 67).

Die Fläche A(a; b) unter einem Funktionsgraphen kann annähernd mithilfe von **Ober- und Untersummen** berechnet werden. Dazu teilt man das Intervall [a; b] in gleich breite Teile mit der Breite $\Delta x = \frac{b-a}{n}$.

Im Beispiel unten links wird das Intervall [0; 10] in n = 10 gleich breite Teile mit der Breite 1 unterteilt.

Die eingeschriebenen Rechtecke bilden dabei die Untersumme U, die umschriebenen Rechtecke die Obersumme O. Es gilt: $U \leq A(a; b) \leq O$

Die Höhe der eingeschriebenen Rechtecke entspricht jeweils dem niedrigsten Funktionswert im Teilintervall, die Höhe der umschriebenen Rechtecke jeweils dem höchsten Funktionswert im Teilintervall.

$$U = \Delta x \cdot \sum_{i=1}^{n} f(x_{i_{min}}), \quad O = \Delta x \cdot \sum_{i=1}^{n} f(x_{i_{max}})$$

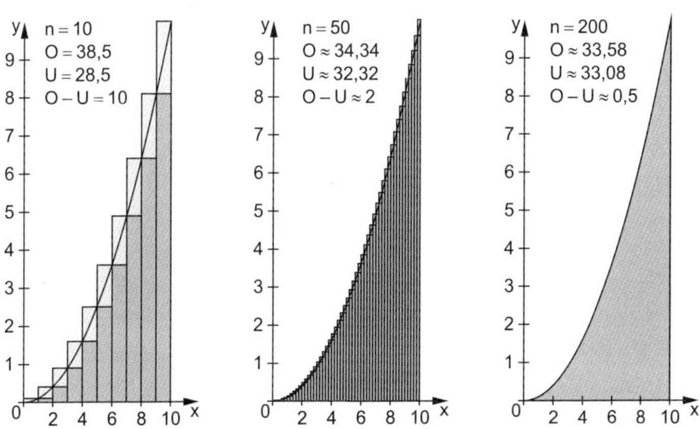

Erhöht man die Anzahl der Teilintervalle, so wird $\Delta x$ immer kleiner, $\Delta x \to 0$. Der Unterschied zwischen Ober- und Untersumme wird dadurch beliebig klein. Es gibt also einen gemeinsamen Grenzwert:

$$\lim_{n \to \infty} U_n = \lim_{n \to \infty} O_n$$

Dieser Grenzwert ist das bestimmte Integral von f(x) im Intervall [a; b]. Es gilt:

$$\int_a^b f(x)\,dx \approx \sum f(x) \cdot \Delta x$$

Das bestimmte Integral ist somit näherungsweise eine Summe von Produkten.

## Berechnung des bestimmten Integrals

Ist F(x) eine beliebige Stammfunktion von f(x) und $a < b$, so gilt:

$$\int_a^b f(x)\,dx = F(b) - F(a),$$

wobei a die Untergrenze und b die Obergrenze ist.

## Integrationsregeln für differenzierbare Funktionen

**Konstantenregel:** Konstante Faktoren bleiben unverändert.

$$\int k \cdot f(x)\,dx = k \cdot \int f(x)\,dx + c$$

**Summen- und Differenzenregel:** Jeder Summand wird einzeln integriert.

$$\int (f(x) \pm g(x))\,dx = \int f(x)\,dx \pm \int g(x)\,dx$$

**Lineare Substitution:** F(x) ist eine Stammfunktion von f(x) und $k \neq 0$.

$$\int f(k \cdot x + d)\,dx = \frac{F(kx + d)}{k}$$

| Funktion f(x) = | Stammfunktion F(x) = |
|---|---|
| $k$ | $k \cdot x + c$ |
| $0$ | $c$ |
| $x^n$ | $\frac{1}{n+1} x^{n+1} + c$ |
| $\sin(x)$ | $-\cos(x) + c$ |
| $\cos(x)$ | $\sin(x) + c$ |
| $e^x$ | $e^x + c$ |
| $\frac{1}{x}$ | $\ln(x) + c$ |

$\int x^2\,dx = \frac{x^3}{3} + c$

$\int (x^3 + 2x + 4)\,dx = \frac{x^4}{4} + 2\frac{x^2}{2} + 4x + c = \frac{x^4}{4} + x^2 + 4x + c$

$\int \sin(2x)\,dx = \frac{-\cos(2x)}{2} + c$

$\int 3e^x\,dx = 3\int e^x\,dx = 3e^x + c$

$\int \sqrt{x}\,dx = \int x^{\frac{1}{2}}\,dx = \frac{1}{\frac{3}{2}} x^{\frac{3}{2}} + c = \frac{2}{3}\sqrt{x^3} + c$

Kennt man ein Wertepaar der Stammfunktion F(x), die bestimmt werden soll, so lässt sich die **Integrationskonstante** berechnen und eine eindeutige Funktion bestimmen.

Bestimmen Sie diejenige Stammfunktion der Funktion $f(x) = 3x^2 + 1$, die den Punkt $P = (2\,|\,0)$ enthält.

*Lösung:*

$F(x) = \int (3x^2 + 1)\,dx = 3\frac{x^3}{3} + x + c = x^3 + x + c$

$P \in F(x)$: $0 = 2^3 + 2 + c$

$0 = 10 + c$

$c = -10 \Rightarrow F(x) = x^3 + x - 10$

## Flächenberechnung

Eine Anwendung des bestimmten Integrals ist die Flächenberechnung.

Ermitteln Sie den Flächeninhalt, den die Funktion $f(x) = x^3 - x^2 - 12x$ mit der x-Achse im Intervall [–2; 4] einschließt.

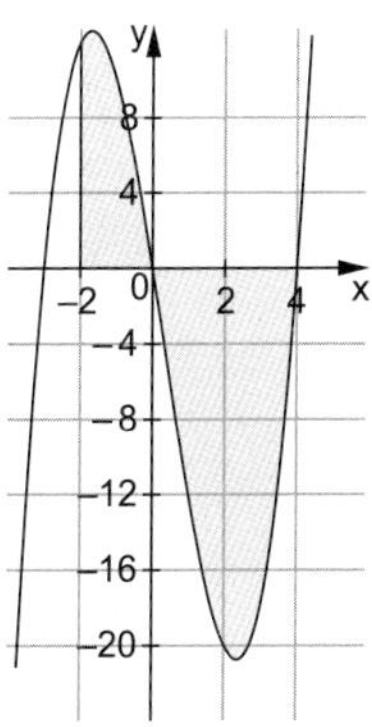


*Lösung:*

Da die Funktion f(x) an der Stelle $x = 0$ eine Nullstelle hat, teilt man das Intervall an dieser Stelle in zwei Teilintervalle (ansonsten würde man eine Flächenbilanz, nicht aber die Summe der beiden Teilflächen ermitteln). Vom Flächeninhalt, der unterhalb der x-Achse liegt, nimmt man den Betrag.

Flächeninhalt A im Intervall [–2; 4]:

$$A = \int_{-2}^{0} (x^3 - x^2 - 12x)\,dx + \left| \int_{0}^{4} (x^3 - x^2 - 12x)\,dx \right|$$

$$A = \left[ \frac{x^4}{4} - \frac{x^3}{3} - 12\frac{x^2}{2} \right]_{-2}^{0} + \left| \left[ \frac{x^4}{4} - \frac{x^3}{3} - 12\frac{x^2}{2} \right]_{0}^{4} \right|$$

$$A \approx 17{,}3 + 53{,}33 = 70{,}66 \text{ FE}$$

## Bedeutung des Integrals im Kontext

Da das Integrieren die Umkehrung des Differenzierens ist, können aus der Tabelle auf den Seiten 57 und 58 Rückschlüsse gezogen werden. Hier sind einige Beispiele aufgelistet:

| **Argument** | **Funktion** | **Bestimmtes Integral** |
|---|---|---|
| x | f(x) | Flächeninhalt zwischen Funktionsgraph und x-Achse (wenn kein Schnittpunkt von f(x) mit der x-Achse im Intervall vorliegt) |
| Zeit t | Geschwindigkeit v(t) | Zurückgelegter Weg s(t) |
| Zeit t | Beschleunigung a(t) | Geschwindigkeit v(t) |
| Zeit t | Leistung | Arbeit |
| Weg s | Kraft F(s), deren Stärke vom Weg abhängt | Physikalische Arbeit W(s) |

Die Geschwindigkeit v eines Fahrzeugs wird 8 Sekunden lang beobachtet. Der Verlauf ist in der Abbildung dargestellt.

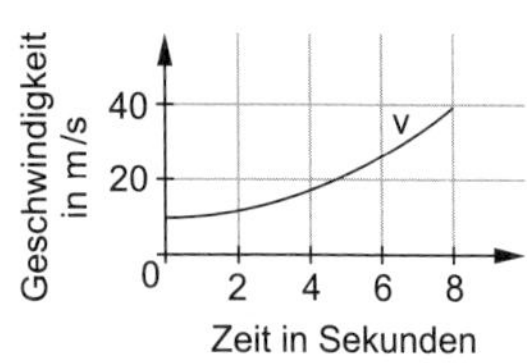


a) Geben Sie eine Formel an, mit der die Durchschnittsgeschwindigkeit im Intervall [2; 4] berechnet werden kann.
b) Erläutern Sie die Bedeutung der momentanen Änderungsrate zum Zeitpunkt $t = 6$.
c) Geben Sie eine Formel für den Weg s an, den das Fahrzeug in den 8 Sekunden zurücklegt.
d) Geben Sie die Bedeutung des Ausdrucks $\int_{4}^{8} v(t)\,dt$ im Kontext an.

*Lösung:*

a) $v_{\text{durchschnittlich}} = \frac{v(4) - v(2)}{4 - 2}$

b) Der Wert gibt die momentane Beschleunigung zum Zeitpunkt $t = 6$ an.

c) $s = \int_0^8 v(t)\,dt$

d) Der Wert dieses Integrals gibt die Länge des Weges an, den das Fahrzeug von der vierten bis zur achten Sekunde zurücklegt.

# Wahrscheinlichkeit und Statistik

## WS 1 Beschreibende Statistik

### Werte aus Tabellen und Diagrammen ablesen und interpretieren

In der beschreibenden Statistik werden Tabellen und Diagramme zur Darstellung von Daten verwendet. Aus einer **Tabelle** können meistens absolute und relative Häufigkeiten abgelesen werden. Eine andere Darstellungsform für Datensätze sind **Diagramme**.

Ein Beispiel ist das Stängel-Blatt-Diagramm.
Die erste Spalte steht für Zehner, die danach für Einer. Es gibt hier also zehn Werte, nämlich:
2, 15, 17, 18, 21, 31, 33, 39, 40, 43

| | | | |
|---|---|---|---|
| 0 | 2 | | |
| 1 | 5 | 7 | 8 |
| 2 | 1 | | |
| 3 | 1 | 3 | 9 |
| 4 | 0 | 3 | |

Aus Diagrammen, in denen absolute Häufigkeiten dargestellt werden, kann man (außer beim Kastenschaubild) auch die Gesamtzahl der Daten entnehmen und in der Folge weitere Berechnungen durchführen. Bei Diagrammen mit relativen Häufigkeiten muss für weitere Berechnungen die Gesamtzahl zusätzlich angegeben sein.

Kinder wurden nach der Anzahl ihrer Haustiere befragt und antworteten mit null, eins, zwei oder drei. Im Diagramm sieht man die Auswertung.
Bestimmen Sie das arithmetische Mittel.

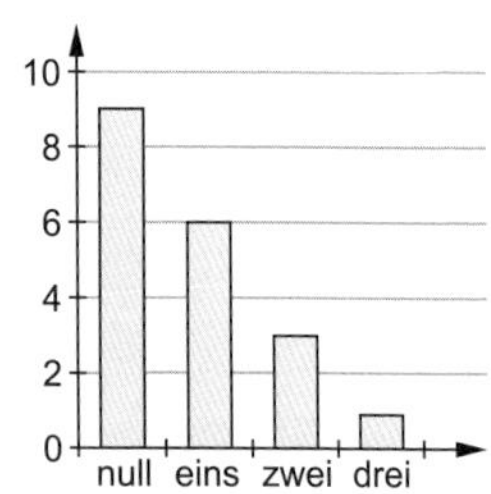


*Lösung:*
Insgesamt nahmen
$9+6+3+1=19$
Kinder an der Umfrage teil.

Arithmetisches Mittel:

$$\overline{x} = \frac{0 \cdot 9 + 6 \cdot 1 + 3 \cdot 2 + 1 \cdot 3}{19} = \frac{15}{19} \approx 0{,}79$$

Im Mittel haben die Kinder also 0,79 Haustiere.

Für eine statistische Auswertung werden **Rohdaten** gesammelt. Die Liste dieser Daten nennt man **Urliste**. Ordnet man die Daten der Größe nach, spricht man von einer **geordneten Urliste** (auch **Rangliste**). Daten sind oft in Tabellenform angegeben.

Umfrage zum Thema Anzahl der Geschwister bei 80 Schüler/innen.

| Anzahl der Geschwister | Absolute Häufigkeit | Relative/prozentuelle Häufigkeit |
|---|---|---|
| 0 | 15 | $\frac{15}{80} = \frac{3}{16} = 18{,}75\,\%$ |
| 1 | 25 | $\frac{25}{80} = \frac{5}{16} = 31{,}25\,\%$ |
| 2 | 22 | $\frac{22}{80} = \frac{11}{40} = 27{,}5\,\%$ |
| 3 | 12 | $\frac{12}{80} = \frac{3}{20} = 15\,\%$ |
| 4 | 3 | $\frac{3}{80} = 3{,}75\,\%$ |
| 5 | 3 | $\frac{3}{80} = 3{,}75\,\%$ |
| $\sum$ | 80 | $\frac{80}{80} = 1 = 100\,\%$ |

Es gibt mehrere Möglichkeiten, Daten grafisch darzustellen. Im Folgenden sind die für dieses Beispiel sinnvollen grafischen Darstellungen abgebildet: Säulen-, Balken-, Kreisdiagramm und Prozentstreifen. Beim Zeichnen ist auf angemessene Einheiten, gleiche Säulen- bzw. Balkenbreiten und gleiche Abstände zu achten. Beim Kreisdiagramm ($1\,\% \mathrel{\hat{=}} 3{,}6°$) und im Prozentstreifen sind die relativen/prozentuellen Häufigkeiten dargestellt, im Säulen- und Balkendiagramm die absoluten.

**Prozentstreifen**

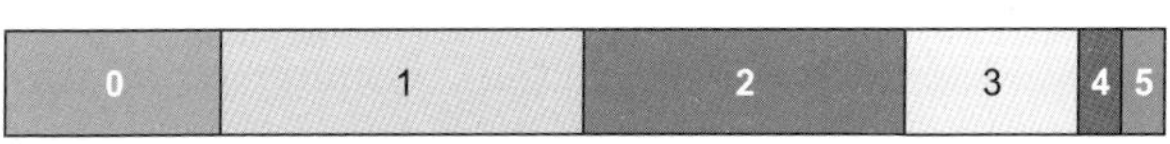

**Balkendiagramm**

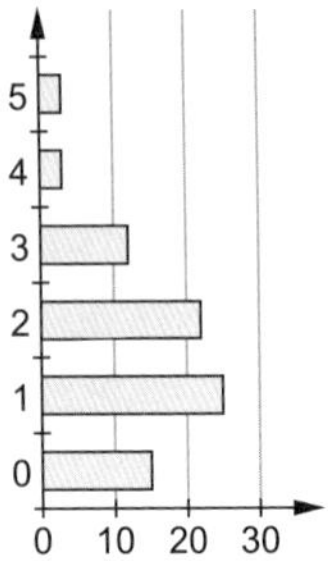


**Säulendiagramm**

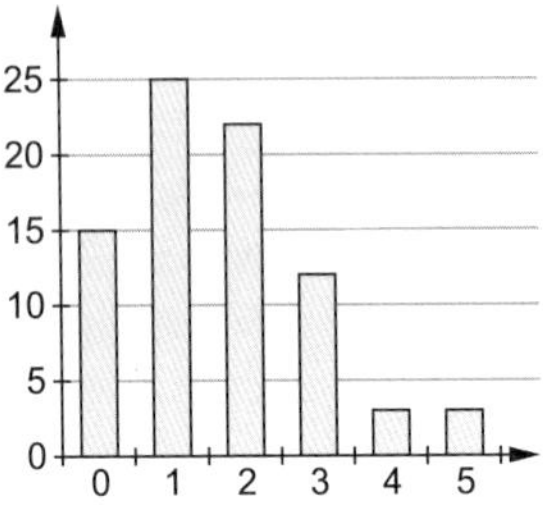


**Kreisdiagramm**

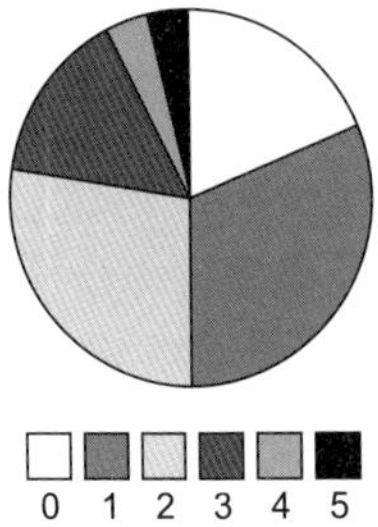


Liniendiagramm, Piktogramm, Punktwolkendiagramm, Kastenschaubild und Histogramm wurden für dieses Beispiel nicht gezeichnet.

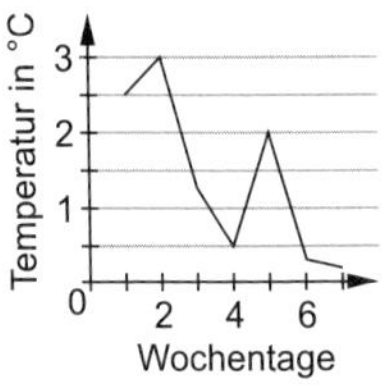


- Ein **Liniendiagramm** ist hier nicht sinnvoll, da man es nur bei kontinuierlichen Entwicklungen (z. B. Temperaturkurve) anwendet.
- Im **Piktogramm** werden Symbole zur Darstellung verwendet, z. B. 🯅 = 1 Million Menschen.

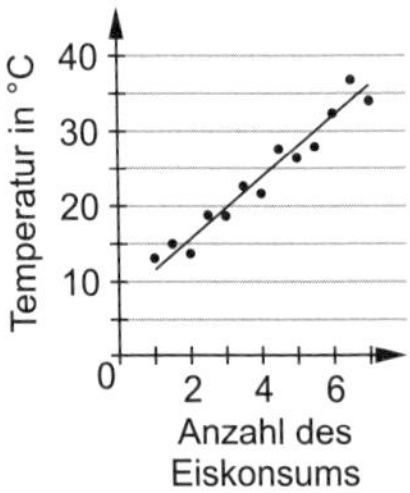


- Im **Punktwolkendiagramm** werden zwei Merkmale beobachtet, hier z. B. die Anzahl des Eiskonsums pro Woche (1. Achse) und die Außentemperaturen (2. Achse), und als Punkte im Koordinatensystem eingetragen. Kann man eine Gerade so im Koordinatensystem einzeichnen, dass die Punkte nah an ihr liegen, spricht man von einem starken Zusammenhang der beiden Größen. Bei einem schwachen Zusammenhang liegen die Punkte weit von der Geraden entfernt. Kann keine Gerade eingezeichnet werden, gibt es keinen Zusammenhang beider Größen.
- Beim **Kastenschaubild** werden zum Zeichnen Minimum, unteres Quartil, Median, oberes Quartil und Maximum verwendet. Diese Art des Diagramms wird eher bei weiter gestreuten (auseinander liegenden) Daten verwendet. Die Datensätze werden mit dem Kastenschaubild geviertelt, in jedem Abschnitt liegen 25 % der Daten.

geordnete Urliste:
1 3 4 9 10 11 12 13 17 | 18 19 20 20 21 22 25 28 28

Minimum = 1, Maximum = 28, Median $= \frac{17+18}{2} = 17{,}5$,
unteres Quartil = 10, oberes Quartil = 21

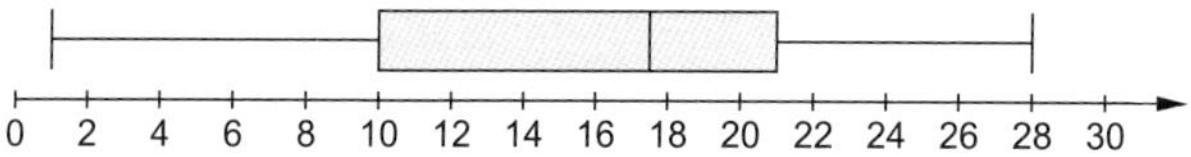


- Das **Histogramm** ist ein Spezialfall des Säulendiagramms. Die Säulen werden mit direkt aneinander liegenden Rechtecken dargestellt, deren Flächeninhalte den Häufigkeiten entsprechen. Die Daten können in Klassen eingeteilt werden.

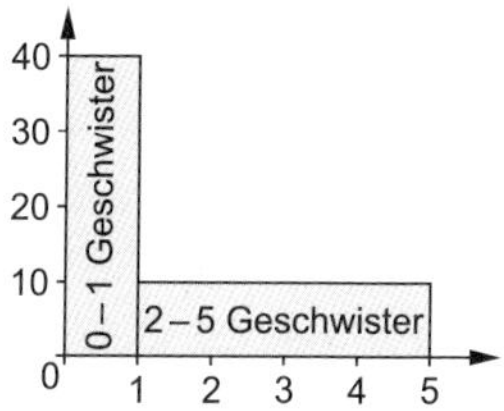


## Statistische Kennzahlen

Die **absolute Häufigkeit** gibt an, wie oft ein bestimmtes Merkmal (z. B. keine Geschwister) auftritt. Für die **relative Häufigkeit** dividiert man die absolute Häufigkeit durch die Gesamtzahl n der Daten, für die **prozentuelle Häufigkeit** multipliziert man diesen Wert mit 100 %. Die relative Häufigkeit kann als Bruch, Dezimalzahl oder in Prozent angegeben werden.

Das **Minimum** ist der niedrigste Wert, das **Maximum** der höchste Wert der Datenreihe. Es gibt drei verschiedene **Zentralwerte**: arithmetisches Mittel, Median und Modus.

Das **arithmetische Mittel** $\overline{x} = \frac{x_1 + x_2 + \ldots + x_n}{n}$ ist der Durchschnitt: Die Summe der Einzelwerte wird durch die Gesamtzahl dividiert. Der **Modus** ist der Wert, der am häufigsten vorkommt. (Es kann auch mehrere Modi geben.) Der **Median** $\mathbf{z = q_2}$ ist jener Wert, der in der Mitte der geordneten Urliste liegt. Bei einer geraden Anzahl von Daten wird das arithmetische Mittel der beiden in der Mitte stehenden Zahlen gebildet.
Das **untere Quartil** $\mathbf{q_1}$ ist der Median der Daten vom Minimum bis zum Median der ursprünglichen Datenreihe, das **obere Quartil** $\mathbf{q_3}$ der Median der Daten vom Median bis zum Maximum der ursprünglichen Datenreihe.

Die **Standardabweichung σ** ist ein Streuungsmaß und gibt Auskunft, wie weit die Daten im Durchschnitt vom arithmetischen Mittel abweichen. Sie wird mit der Formel

$$\sigma = \sqrt{\frac{(x_1 - \overline{x})^2 + (x_2 - \overline{x})^2 + \ldots + (x_n - \overline{x})^2}{n}}$$

berechnet.

Alina und Christoph lernen gemeinsam für die Matura. Sie planen, pro Woche durchschnittlich 15 Stunden gemeinsam zu lernen. Nach vier Wochen haben sie so viele Stunden geschafft:

| Woche | 1 | 2 | 3 | 4 | 5 |
|---|---|---|---|---|---|
| Stundenzahl | 17 | 12 | 14 | 16 | ? |

a) Wie viele Stunden müssen sie in der 5. Woche gemeinsam lernen, um einen Durchschnitt von 15 Stunden pro Woche zu erreichen?
b) Berechnen Sie die Standardabweichung σ.
c) Ermitteln Sie Minimum, Maximum, Median, Modus und Spannweite für die 5 Wochen.

*Lösung:*

a) Die gesuchte Stundenzahl sei x. Für den Durchschnitt $\overline{x}$ gilt:

$$\overline{x} = 15 \quad \text{und} \quad \overline{x} = \frac{17 + 12 + 14 + 16 + x}{5}$$

$$\Rightarrow \quad 5 \cdot 15 = 59 + x \quad \Rightarrow \quad x = 16\,[h]$$

b) $$\sigma = \sqrt{\frac{(17-15)^2 + (12-15)^2 + (14-15)^2 + (16-15)^2 + (16-15)^2}{5}}$$

$$= \sqrt{\frac{2^2 + (-3)^2 + (-1)^2 + 1^2 + 1^2}{5}} = \sqrt{\frac{16}{5}} \approx 1{,}8\,[h]$$

c) Geordnete Urliste:
12 14 **16** 16 17
Minimum = 12 h, Maximum = 17 h, Median = 16 h, Modus = 16 h,
Spannweite = 17 h – 12 h = 5 h

Zentralwerte haben Vor- und Nachteile, weshalb sich meistens einer davon besser eignet als die anderen. Der Modus eignet sich dann, wenn ein Wert viel öfter als die anderen vorkommt. Bei Daten, die nicht in Zahlen angegeben sind (z. B. Lieblingstier), kann kein Median gebildet werden. Das arithmetische Mittel ist sehr anfällig für Ausreißer, das heißt für einzelne Daten, die sehr weit von den anderen Daten entfernt liegen. Median und Modus hingegen sind sehr robust und Ausreißer verändern den Mittelwert gar nicht bzw. wenig.

Kreuzen Sie an, ob die Aussagen zu Mittelwerten richtig oder falsch sind.

| | Richtig | Falsch | Erklärung |
|---|---|---|---|
| Der Median ist immer kleiner als das arithmetische Mittel. | ☐ | ☒ | siehe das Maturalernbeispiel auf Seite 74 |
| Das arithmetische Mittel ist „robuster" als der Median. | ☐ | ☒ | Das arithmetische Mittel ist für Ausreißer anfälliger, der Median robuster. |
| Addiert man zu allen Werten der Datenreihe die Zahl 1, verändert das den Median. | ☒ | ☐ | Der Median wird um 1 erhöht. |
| $q_3$ entspricht 75 % der Daten. | ☐ | ☒ | Zwischen Minimum und $q_3$ liegen 75 % der Daten. |
| Zwischen Minimum und Median liegen 50 % der Daten. | ☒ | ☐ | Weitere 50 % liegen zwischen Median und Maximum. |
| Addiert man zu allen Werten der Datenreihe die Zahl 1, verändert das die Standardabweichung. | ☐ | ☒ | Da in der neuen Datenreihe $\overline{x}$ ebenfalls um 1 größer ist, bleibt die Differenz $x_1 - \overline{x}$ unverändert. |

Das **gewichtete/gewogene arithmetische Mittel** benützt man, wenn man die Mittelwerte $\overline{x}_1$ und $\overline{x}_2$ von den Teilmengen eines Datensatzes mit $n_1$ und $n_2$ Daten kennt und daraus den Mittelwert des gesamten Datensatzes mit $n = n_1 + n_2$ Daten errechnen will:

$\overline{x} = \alpha\overline{x}_1 + \beta\overline{x}_2$, wobei $\alpha = \frac{n_1}{n}$, $\beta = \frac{n_2}{n}$; $\alpha, \beta$ … Gewichte

Ein Test besteht aus zwei Teilen mit je 5 Aufgaben. Jede Aufgabe ist 4 Punkte wert. Im ersten Teil konnte ein Student durchschnittlich 3,2 Punkte erreichen, im zweiten Teil 2,6 Punkte. Ermitteln Sie, wie viele Punkte er im Durchschnitt auf den gesamten Test pro Beispiel erzielen konnte, wenn der erste Teil mit 30 % und der zweite mit 70 % gewichtet wird.

*Lösung:*

$\overline{x}_1 = 3{,}2,\ \overline{x}_2 = 2{,}6,\ \alpha = 0{,}3,\ \beta = 0{,}7$

$\overline{x} = 0{,}3 \cdot 3{,}2 + 0{,}7 \cdot 2{,}6 = 2{,}78$

Im Durchschnitt konnte der Student 2,78 Punkte pro Beispiel erzielen.

## WS 2 Wahrscheinlichkeitsrechnung

In der Wahrscheinlichkeitsrechnung behandelt man Versuche/Experimente, deren Ausgang zufällig ist (**Zufallsexperiment/Zufallsversuch**). Der **Grundraum Ω** besteht aus allen Möglichkeiten, die das Ergebnis des Zufallsversuchs sein können. **Ereignisse** sind Teilmengen des Grundraums. Ein Ereignis, das nur ein Element enthält, nennt man **Elementarereignis**.

Wird eine Münze zweimal geworfen (Z = Zahl, K = Kopf), können die Ereignisse KK, KZ, ZK, ZZ eintreten.
Der Grundraum ist Ω = {KK; KZ; ZK; ZZ}.
Das Elementarereignis „Es tritt zweimal Kopf auf." wird durch die Teilmenge {KK} beschrieben, das Ereignis „Es kommt zweimal dieselbe Seite zum Vorschein." durch die Teilmenge {KK; ZZ}.

Die **Wahrscheinlichkeit** ist das Maß für die Erwartung, dass ein Ereignis A eintritt. Sie ist eine reelle Zahl zwischen 0 und 1, wobei ein Ereignis wahrscheinlicher ist, je größer die ihm zugeordnete Zahl ist.

Um wahrscheinliche Ausgänge vorauszusagen, werden oft relative Häufigkeiten verwendet. Der Begriff der relativen Häufigkeit wird auf Seite 73 erklärt.

Führt man Experimente sehr oft durch, kann man mithilfe der relativen Häufigkeit die Wahrscheinlichkeit für das Auftreten eines bestimmten Merkmals abschätzen. Die Qualität des Schätzwertes hängt entscheidend davon ab, wie oft das Experiment durchgeführt wird.

Eine Schülerin notiert, ob ihre Lehrerin in den letzten 20 Mathematikstunden zu Stundenbeginn ein Mädchen zur Wiederholung aufgerufen hat. In 5 von 20 Fällen wurde ein Mädchen aufgerufen, die relative Häufigkeit beträgt also $\frac{5}{20} = \frac{1}{4}$.
Daraus kann man schließen, dass in dieser Klasse mit einer Wahrscheinlichkeit von 25 % ein Mädchen die Stundenwiederholung macht.

## Laplace-Wahrscheinlichkeit

Bei **Laplace-Experimenten** tritt jedes mögliche Elementarereignis mit der gleichen Wahrscheinlichkeit auf. Bei n möglichen Versuchsausgängen ist die Wahrscheinlichkeit des Auftretens eines Elementarereignisses A:

$$P(A) = \frac{1}{n}$$

Beim einmaligen Würfeln gibt es zum Beispiel sechs verschiedene Möglichkeiten und alle Fälle sind gleich wahrscheinlich. Wäre der Würfel manipuliert und würde dadurch notwendigerweise häufiger auf einer Seite landen, wäre es kein Laplace-Versuch.

Die Wahrscheinlichkeit des Auftretens eines Ereignisses A wird berechnet, indem „günstige" durch „mögliche" Fälle dividiert werden:

$$P(A) = \frac{\text{Anzahl der günstigen Fälle}}{\text{Anzahl der möglichen Fälle}} = \frac{|A|}{|\Omega|}$$

Oft ist folgende Überlegung hilfreich, um die Wahrscheinlichkeit eines Ereignisses zu bestimmen:

$$\begin{aligned} P(A) &= \frac{\text{Anzahl der günstigen Fälle}}{\text{Anzahl der möglichen Fälle}} \\ &= \frac{\text{Anzahl der möglichen Fälle} - \text{Anzahl der ungünstigen Fälle}}{\text{Anzahl der möglichen Fälle}} \\ &= 1 - \underbrace{\frac{\text{Anzahl der ungünstigen Fälle}}{\text{Anzahl der möglichen Fälle}}}_{\text{Gegenwahrscheinlichkeit}} \end{aligned}$$

Ein fairer Spielwürfel wird geworfen.

a) Bestimmen Sie den Grundraum und die Wahrscheinlichkeit eines Elementarereignisses.

b) Bestimmen Sie die Wahrscheinlichkeit, dass eine gerade Zahl erscheint.

c) Bestimmen Sie die Wahrscheinlichkeit, dass kein Sechser gewürfelt wird.

*Lösung:*

a) $\Omega = \{1; 2; 3; 4; 5; 6\}$, $P(\text{Elementarereignis}) = \frac{1}{6}$

b) Genau drei der sechs möglichen Zahlen (2, 4 und 6) sind gerade:

$P(\text{gerade Zahl}) = \frac{3}{6} = \frac{1}{2}$

c) Man kann die Gegenwahrscheinlichkeit „Es wird genau ein Sechser gewürfelt." benutzen:

$P(\text{kein Sechser}) = 1 - P(\text{Sechser}) = 1 - \frac{1}{6} = \frac{5}{6}$

Im Allgemeinen sind die Wahrscheinlichkeiten der Elementarereignisse nicht alle gleich. Jedoch müssen folgende Regeln gelten:

Die Wahrscheinlichkeit des Grundraums ist 1, d. h. $P(\Omega) = 1$, man spricht von einem **sicheren Ereignis**.

Sind zwei Ereignisse A und B disjunkt (ohne gemeinsame Elemente), so gilt:

$P(A \cup B) = P(A) + P(B)$ **(Additionsregel)**

Man nennt zwei Ereignisse A und B unabhängig, falls gilt:

$P(A \cap B) = P(A) \cdot P(B)$ **(Multiplikationsregel)**

Für viele Aufgabenstellungen eignet es sich, ein **Baumdiagramm** (siehe folgende Seite) zu zeichnen und die Pfadregeln anzuwenden. Die Wahrscheinlichkeit eines Pfades erhält man, wenn man alle Wahrscheinlichkeiten entlang des Pfades multipliziert (Multiplikationsregel). Ereignisse, die durch mehrere Pfade beschrieben werden, erhält man aus der Summe der einzelnen Pfade (Additionsregel).

In einer Urne befinden sich drei Kugeln. Eine ist mit „E", eine mit „I" und eine mit „S" beschriftet.

a) Jan zieht dreimal (unabhängig voneinander) zufällig eine Kugel aus der Urne, ohne sie zurückzulegen. Begründen Sie, dass es sich um ein Laplace-Experiment handelt, und bestimmen Sie die Wahrscheinlichkeit dafür, dass ein sinnvolles deutsches Wort gezogen wird. Die korrekte Reihenfolge ist dabei zu beachten.

b) Beschreiben Sie, wie sich die Wahrscheinlichkeit des Eintretens des Ereignisses ändert, wenn man denselben Versuch durchführt und die Kugeln stets zurücklegt.

*Lösung:*

a) Es handelt sich um ein Laplace-Experiment, da der Grundraum $\Omega = \{EIS; ESI; IES; ISE; SEI; SIE\}$ ist und alle Elementarereignisse die gleiche Wahrscheinlichkeit $\frac{1}{6}$ haben.

Günstige Fälle: Insgesamt gibt es 3 günstige Fälle (EIS, SEI, SIE).

Mögliche Fälle: Wie vorher notiert, gibt es 6 Möglichkeiten. Man kommt auch so zu dieser Zahl: Bei der 1. Kugel gibt es 3, bei der zweiten 2 und bei der letzten eine Möglichkeit, also insgesamt $3 \cdot 2 \cdot 1 = 6$ Möglichkeiten.

$P(\text{deutsches Wort}) = \frac{3}{6} = \frac{1}{2}$

Der Lösungsweg kann auch im Baumdiagramm veranschaulicht werden: Die drei relevanten Pfade sind hervorgehoben.

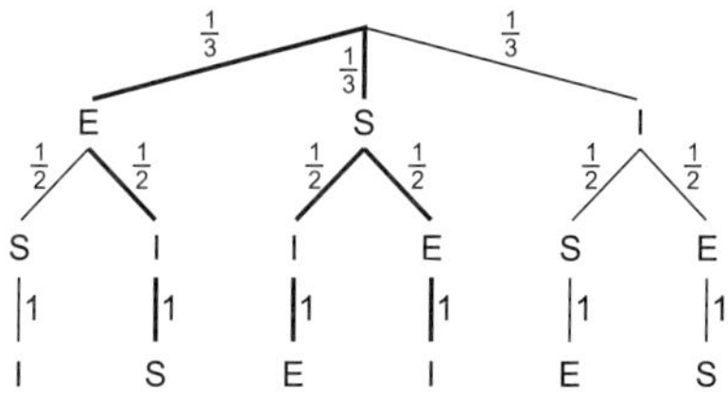


$P(\text{deutsches Wort}) = P(EIS) + P(SIE) + P(SEI) = \frac{1}{6} + \frac{1}{6} + \frac{1}{6} = \frac{3}{6} = \frac{1}{2}$

Die Wahrscheinlichkeit, ein korrektes deutsches Wort zu ziehen, ist $\frac{1}{2}$.

b) Günstige Fälle: Es gibt jetzt fünf günstige Fälle (EIS, ISS, SIE, SEI und SEE).

Mögliche Fälle: Bei der 1. Kugel gibt es 3, bei der zweiten 3 und bei der letzten 3 Möglichkeiten, also insgesamt $3 \cdot 3 \cdot 3 = 27$ Möglichkeiten.

$P(\text{deutsches Wort}) = \frac{5}{27}$

### Binomialkoeffizient

Zur Definition des Binomialkoeffizienten ist die Definition von $n! = n \cdot (n-1) \cdot (n-2) \cdot \ldots \cdot 1$ („n Faktorielle") notwendig. Es gilt: $0! = 1$

Der **Binomialkoeffizient** $\binom{n}{k}$ („n über k") gibt die Anzahl der Möglichkeiten an, wenn k Elemente aus n Elementen ausgewählt werden.

$$\binom{n}{k} = \frac{n!}{k! \cdot (n-k)!}$$

Dabei ist die Reihenfolge irrelevant und jedes Element kann nur einmal ausgewählt werden.

Sowohl n! als auch $\binom{n}{k}$ können von den meisten Taschenrechnern berechnet werden.

Aus fünf Kindern sollen drei ausgewählt werden. Berechnen Sie die Anzahl der Möglichkeiten mithilfe des Binomialkoeffizienten und begründen Sie, warum dieser hier angewandt werden kann.

*Lösung:*

Die Kinder können nicht öfter als einmal ausgewählt werden und es spielt keine Rolle, welches Kind zuerst ausgewählt wird.

$$\binom{5}{3} = \frac{5!}{3! \cdot (5-3)!} = \frac{5 \cdot 4 \cdot 3 \cdot 2 \cdot 1}{(3 \cdot 2 \cdot 1) \cdot (2 \cdot 1)} = \frac{120}{12} = 10$$

Es gibt also 10 Möglichkeiten, aus fünf Kindern drei auszuwählen.

## WS 3 Wahrscheinlichkeitsverteilung(en)

Eine **Zufallsvariable** (Zufallsgröße) ist eine Funktion, die jedem Ausgang eines Zufallsexperiments genau eine natürliche bzw. reelle Zahl $a_i$ $(i = 1, 2, \ldots)$ zuordnet. Zufallsvariablen werden mit Großbuchstaben (X, Y, …) bezeichnet.

**Diskrete Zufallsvariable:** $X: \Omega \to \mathbb{Z}$

**Kontinuierliche Zufallsvariable:** $X: \Omega \to \mathbb{R}$

*Diskrete* Zufallsvariable: X sei die Anzahl von Kopf bei mehrmaligem Münzwurf. Y sei die Anzahl der Sechser bei mehrmaligem Würfeln mit einem fairen Spielwürfel.

*Stetige* Zufallsvariable: X sei die Länge von zugeschnittenen Holzstücken in cm. Y sei die Masse von Getreidesäcken in kg.

Die Funktion f, die jedem möglichen Wert $a_i$ ($i = 1, 2, \ldots$) der diskreten Zufallsgröße X eine Wahrscheinlichkeit $f(a_i) = P(X = a_i)$ zuordnet, nennt man **Wahrscheinlichkeitsverteilung**, kurz Verteilung von X.

Die Summe aller Wahrscheinlichkeiten ist $\sum_{i=1}^{n} P(x = a_i) = 1$.

Wahrscheinlichkeitsverteilungen können als Tabelle oder grafisch dargestellt werden. Die Funktion $F(a_i) = P(X \leq a_i)$ heißt **Verteilungsfunktion** der diskreten Zufallsvariablen X.

Der **Erwartungswert** ist ein Zentralmaß für Wahrscheinlichkeitsverteilungen und gibt an, welcher Mittelwert bei oftmaliger Wiederholung eines Zufallsversuches erwartet werden darf. X sei eine diskrete Zufallsgröße mit den Werten $a_1, a_2, \ldots, a_k$, die mit den Wahrscheinlichkeiten $p_1, p_2, \ldots, p_k$ angenommen werden. Dann nennt man

$\mu = E(X) = \sum_{i=1}^{k} a_i \cdot p_i$ den **Erwartungswert** von X.

Die **Standardabweichung** ist ein Streuungsmaß für Wahrscheinlichkeitsverteilungen und gibt die durchschnittliche Abweichung vom Erwartungswert an. Bei diskreten Zufallsgrößen nennt man

$\sigma^2 = V(X) = \left( \sum_{i=1}^{k} a_i^2 \cdot p_i \right) - \mu^2$ die **Varianz** der Zufallsgröße X.

$\sigma = \sqrt{V(X)}$ heißt **Standardabweichung** von X.

Jedes Schokoladenei enthält eine Überraschung. Jede zehnte Überraschung ist ein kleines Auto. Es werden 20 Schokoladeneier zufällig ausgewählt. Die diskrete Zufallsvariable X steht für die Anzahl der Autos in der Stichprobe. Mögliche Werte für X sind 0, 1, 2, …, 19, 20; welcher dieser Werte in einer konkreten Stichprobe realisiert wird, ist vom Zufall abhängig und nicht vorhersehbar. Jedoch kann man diesen

Werten Wahrscheinlichkeiten $P(X=0)$, $P(X=1)$, …, $P(X=20)$ zuordnen. Diese Werte $P(X=a_i)$ hängen vom relativen Anteil der Autos unter allen Überraschungen ab.

Hier ist die Wahrscheinlichkeitsverteilung als Tabelle und als Histogramm dargestellt, wenn der relative Anteil der Autos unter allen Überraschungen ca. 10 % ($p=0{,}1$) ist.

| $X=a_i$ | 0 | 1 | 2 | 3 | 4 | 5 |
|---|---|---|---|---|---|---|
| $P(X=a_i)$ | 0,1216 | 0,2702 | 0,2852 | 0,1901 | 0,0898 | 0,0319 |

| $X=a_i$ | 6 | 7 | 8 | 9 | 10 bis 20 |
|---|---|---|---|---|---|
| $P(X=a_i)$ | 0,0089 | 0,0020 | 0,0004 | 0,0001 | jeweils ≈ 0 |

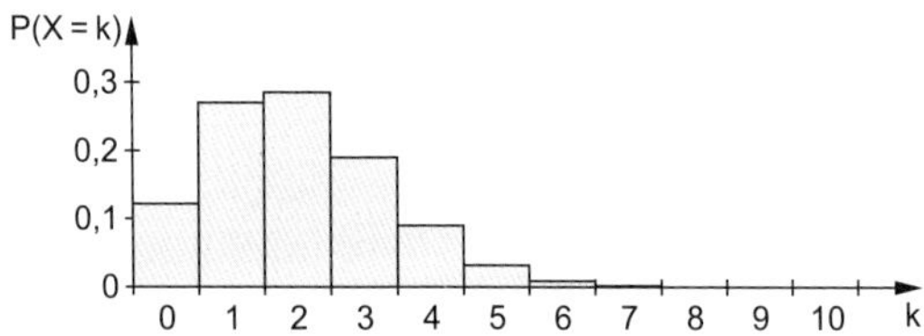


Die Summe aller Wahrscheinlichkeiten ist:
$P(X=0)+P(X=1)+\ldots+P(X=20)=1$

Der Erwartungswert ist:
$E(X)=0\cdot 0{,}1216+1\cdot 0{,}2702+2\cdot 0{,}2852+\ldots+20\cdot 0=2$

Das heißt, dass bei einer 20-Schokoladeneier-Stichprobe durchschnittlich zwei Autos als Überraschungen auftreten. Dies ist auch in der Grafik erkennbar, denn $P(X=2)=0{,}2852$ liefert die höchste Wahrscheinlichkeit dieser Verteilung. Allerdings ist die Wahrscheinlichkeit von 28,52 %, dass zwei Autos als Überraschung auftreten, nicht sehr hoch.

Die Standardabweichung wird mithilfe eines CAS berechnet:
$\sigma \approx 1{,}342$

Die Standardabweichung gibt an, in welchem Bereich $[\mu-\sigma; \mu+\sigma]$ die Anzahl der Autos wahrscheinlich liegt. Das sind in diesem Fall 1, 2 bzw. 3 Schokoladeneier von 20, die mit großer Wahrscheinlichkeit ein Auto als Überraschung haben (siehe Grafik: $P(X=1)+P(X=2)+P(X=3)\approx 75\,\%$).

## Binomialverteilung

Die **Binomialverteilung** ist ein Modell einer diskreten Verteilung. Ihr zugrunde liegt ein sogenanntes **Bernoulli-Experiment**. Dieses ist ein Zufallsexperiment mit genau zwei Versuchsausgängen mit den Wahrscheinlichkeiten p und $q = 1 - p$. Der Versuch muss n-mal unter denselben Bedingungen durchführbar sein. Liegt ein Bernoulli-Experiment vor, ist eine Zufallsvariable X binomialverteilt. Es gilt dann

$P(X = k) = \binom{n}{k} \cdot p^k \cdot (1-p)^{n-k}$ mit $0 \le k \le n$,

wobei k die Anzahl der günstigen Ereignisse bezeichnet.
Fertigt man zu einem Beispiel ein Baumdiagramm an, gibt es $\binom{n}{k}$ Pfade, die zum gleichen Wert der Zufallsgröße X führen.
Die Wahrscheinlichkeiten $p^k \cdot (1-p)^{n-k}$ entsprechen den Wahrscheinlichkeiten entlang eines Pfades.
X nennt man eine **n-p-binomialverteilte Zufallsvariable**, ihr Erwartungswert wird mit $\mu = E(X) = n \cdot p$ und ihre Standardabweichung mit $\sigma = \sqrt{V(X)} = \sqrt{n \cdot p \cdot (1-p)}$ berechnet.

Typische Beispiele für Bernoulli-Experimente sind: Münzwurf, Zielschießen, Korbwurf, Fahrscheinkontrolle.

Das obige Beispiel zu den Schokoladeneiern ist ein Beispiel für die Binomialverteilung, denn der Zufallsversuch ist beliebig oft unter gleichen Bedingungen durchführbar (zufällige Auswahl der Schokoladeneier), es gibt zwei mögliche Ausgänge (ein oder kein Auto als Überraschung) und die Wahrscheinlichkeiten dafür ergänzen einander auf 1 $(0{,}1 + 0{,}9 = 1)$. Die einzelnen Wahrscheinlichkeiten lassen sich mit der Formel $P(X = k) = \binom{n}{k} \cdot p^k \cdot (1-p)^{n-k}$ berechnen.

Berechnung der Wahrscheinlichkeit, dass genau drei Autos als Überraschung auftreten:

$P(X = 3) = \binom{20}{3} \cdot 0{,}1^3 \cdot 0{,}9^{17} \approx 0{,}1901 = 19{,}01\,\%$

Für die Wahrscheinlichkeitsverteilung muss man alle Wahrscheinlichkeiten $P(X = k)$ mit $k = 0, 1, \ldots, 20$ berechnen und in einer Tabelle auflisten. Man kann die Verteilung auch mit einem Histogramm (siehe vorangehende Seite) angeben, wobei die Säulenbreite 1 ist und die Säulenhöhe der jeweiligen Wahrscheinlichkeit entspricht.

Der Erwartungswert wird mit $E(X) = n \cdot p$ berechnet:
$E(X) = 20 \cdot 0{,}1 = 2$

Die Standardabweichung wird mit $\sigma = \sqrt{n \cdot p \cdot (1-p)}$ berechnet:
$\sigma = \sqrt{20 \cdot 0{,}1 \cdot 0{,}9} \approx 1{,}342$

Zwölf männliche Raucher machen eine Entwöhnungskur. Darunter sind vier starke und acht nicht starke Raucher. Die Erfolgschancen der Behandlung liegen bei einem nicht starken Raucher bei 70 %. Die Zufallsvariable X sei die Anzahl der nicht starken Raucher, die die Entwöhnungskur geschafft haben.

a) Berechnen Sie die Wahrscheinlichkeit, dass bei genau fünf der acht nicht starken Raucher die Entwöhnung erfolgreich ist.
b) Berechnen Sie den Erwartungswert für die Zufallsvariable X und deuten Sie diesen im Kontext.
c) Berechnen Sie die Standardabweichung für die Zufallsvariable X und deuten Sie diese im Kontext.

*Lösung:*

a) X ist binomialverteilt, da der Zufallsversuch beliebig oft wiederholt werden kann, das Schaffen bzw. Nichtschaffen der Entwöhnungskur sind zwei unabhängige Versuchsausgänge und ihre Wahrscheinlichkeiten ergänzen einander auf 1 $(0{,}7 + 0{,}3 = 1)$.
   Es ist $n = 8$ und $p = 0{,}7$.
   $P(X = 5) = \binom{8}{5} \cdot 0{,}7^5 \cdot 0{,}3^3 \approx 0{,}2541 = 25{,}41\ \%$

   Die Wahrscheinlichkeit, dass bei genau fünf der acht nicht starken Raucher die Entwöhnung erfolgreich ist, beträgt ca. 25,41 %.
b) $\mu = E(X) = 8 \cdot 0{,}7 = 5{,}6$
   Bei mehreren 12-Personen-Stichproben mit 8 nicht starken Rauchern werden durchschnittlich 6 nicht starke Raucher die Entwöhnungskur schaffen, denn $P(X = 6) = 0{,}297$ liefert die höchste Wahrscheinlichkeit.
c) $\sigma = \sqrt{8 \cdot 0{,}7 \cdot 0{,}3} \approx 1{,}296$

Eine höhere Wahrscheinlichkeit als beim Erwartungswert erzielt man mit einem Intervall symmetrisch rund um den Erwartungswert, z. B.: $[\mu-\sigma;\ \mu+\sigma]$

Die Wahrscheinlichkeit, dass 4 bis 7 nicht starke Raucher die Entwöhnungskur schaffen, beträgt:

$P(X=4)+P(X=5)+P(X=6)+P(X=7)=0{,}88=88\ \%$

Münzwurf – Kopf oder Zahl

Eine Münze wird fünfmal geworfen. X sei die Anzahl des Auftretens des Ereignisses „Kopf“.

a) Stellen Sie die Verteilung von X in einer Tabelle und grafisch dar.

b) Berechnen Sie den Erwartungswert und deuten Sie diesen im Kontext.

*Lösung:*

a) Die Berechnung der Wahrscheinlichkeiten erfolgt mit der Formel:

$P(X=k)=\binom{n}{k}\cdot p^k\cdot(1-p)^{n-k}$, wobei $n=5$ und $p=0{,}5$

Beispielsweise:

$P(X=2)=\binom{5}{2}\cdot 0{,}5^2\cdot 0{,}5^3=0{,}3125=31{,}25\ \%$

| k | P(X=k) |
|---|---|
| 0 | 0,03125 |
| 1 | 0,15625 |
| 2 | 0,3125 |
| 3 | 0,3125 |
| 4 | 0,15625 |
| 5 | 0,03125 |

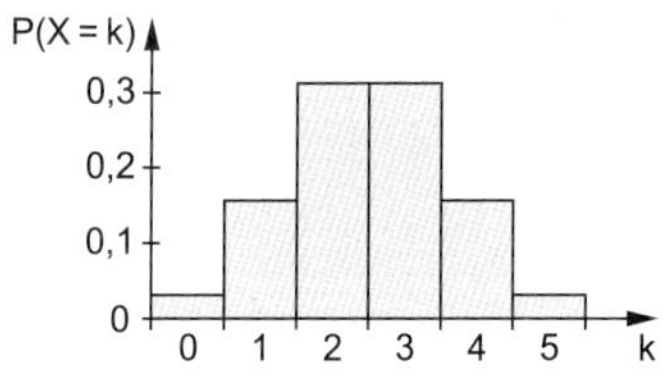


Die Verteilung ist symmetrisch.

b) X ist die Anzahl des Auftretens des Ereignisses „Kopf“.

$n=5,\ p=0{,}5$

$\mu=E(X)=5\cdot 0{,}5=2{,}5$

Der Erwartungswert ist 2,5, da es sich um eine symmetrische Verteilung handelt und $X=2$ und $X=3$ jeweils die höchste Wahrscheinlichkeit haben.

Weitere mögliche Fragestellungen in diesem Beispiel:
Berechnen Sie die Wahrscheinlichkeit, wenn … geworfen wird.

- genau 3-mal Kopf:
  $P(X=3)=\binom{5}{3}\cdot 0{,}5^3\cdot 0{,}5^2$
- höchstens 3-mal Kopf:
  $P(X\leq 3)=P(X=0)+P(X=1)+P(X=2)+P(X=3)$
- mindestens 3-mal Kopf:
  $P(X\geq 3)=P(X=3)+P(X=4)+P(X=5)$
- weniger als 3-mal Kopf:
  $P(X<3)=P(X=0)+P(X=1)+P(X=2)$
- mehr als 3-mal Kopf:
  $P(X>3)=P(X=4)+P(X=5)$
- mindestens 2-mal und höchstens 4-mal Kopf:
  $P(2\leq X\leq 4)=P(X=2)+P(X=3)+P(X=4)$

## Normalverteilung

Bei der Binomialverteilung handelt es sich um eine diskrete Wahrscheinlichkeitsverteilung. In manchen Fällen kann sie durch eine bestimmte stetige Verteilung, die **Normalverteilung**, angenähert werden.

Jan würfelt 100-mal mit einem fairen Würfel. Die Zufallsvariable X gibt die Anzahl der gewürfelten Sechser an. Die Verteilung kann durch nebenstehendes Schaubild dargestellt werden.

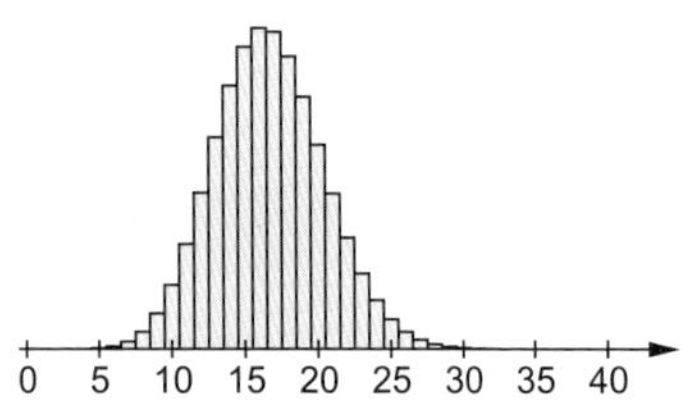


Dieses Schaubild gleicht einer sogenannten **Gauß'schen Glockenkurve**, die im nebenstehenden Bild als durchgezogene Kurve eingezeichnet ist.

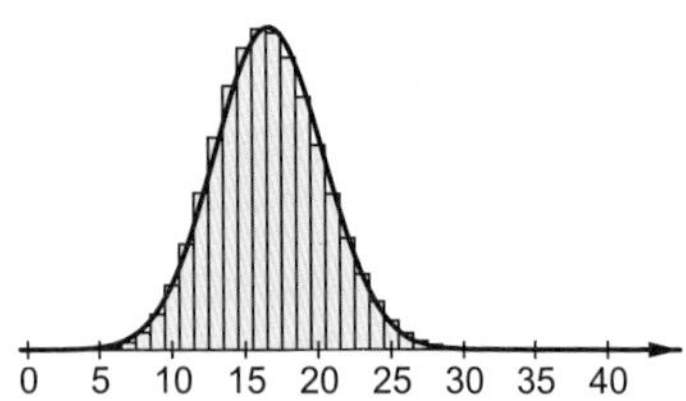

Viele Größen lassen sich durch so eine Glockenkurve beschreiben, sie sind annähernd normalverteilt (z. B. Körpergröße, Intelligenzquotient).

Eine stetige Zufallsvariable heißt **normalverteilt** $N(\mu; \sigma^2)$ mit dem Mittelwert $\mu$ und der Varianz $\sigma^2$, wenn ihre Dichtefunktion f(x) durch

$f(x) = \frac{1}{\sqrt{2\pi\sigma^2}} \cdot e^{-\frac{(x-\mu)^2}{2\sigma^2}}$ gegeben ist.

Die Wahrscheinlichkeit $P(a \leq X \leq b)$ entspricht der Fläche

$$\Phi(a; b) = \int_a^b f(x)\,dx$$

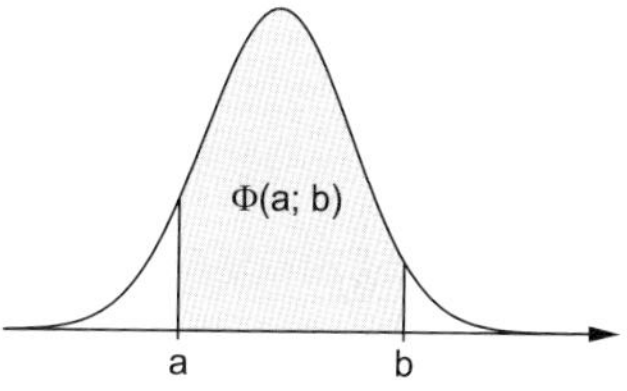


unterhalb des Funktionsgraphen der Dichtefunktion (Gauß'sche Glockenkurve), wobei $\int_{-\infty}^{\infty} f(x)\,dx = 1$ ist.

Eine stetige Zufallsvariable Z ist standardisiert, wenn ihr Erwartungswert $\mu = 0$ und ihre Standardabweichung $\sigma = 1$ ist. Die **Standardnormalverteilung** N(0; 1) ist die Normalverteilung mit $\mu = 0$ und $\sigma = 1$.

Es sei X eine Zufallsvariable mit endlichem Erwartungswert $\mu$ und $\sigma(X) > 0$. Dann heißt $Z = \frac{x-\mu}{\sigma}$ die zu X gehörige **standardisierte Zufallsvariable**. Ihre Dichtefunktion ist durch $f(z) = \varphi(z) = \frac{1}{\sqrt{2\pi}} \cdot e^{-\frac{z^2}{2}}$ gegeben. Ihre Verteilungsfunktion bezeichnet man mit:

$$\Phi(z) = \frac{1}{\sqrt{2\pi}} \cdot \int_{-\infty}^{z} e^{-\frac{t^2}{2}}\,dt = P(Z \leq z)$$

Die Werte der Integrale $P(0 \leq X \leq b) = \Phi(0; b) = \int_0^b f(x)\,dx$ der Standardnormalverteilung sind in einer Tabelle aufgelistet. Deshalb „standardisiert" man alle anderen normalverteilten Zufallsvariablen und nützt die Tabelle, um Berechnungen durchzuführen.

Von einer beliebigen Normalverteilung $N(\mu; \sigma^2)$ kommt man durch Standardisierung mit $Z = \frac{X-\mu}{\sigma}$ zur Standardnormalverteilung N(0; 1).

Die Wahrscheinlichkeiten können mit der Verteilungsfunktion der Standardnormalverteilung berechnet werden:

$P(X \leq x) = \Phi\left(\frac{x-\mu}{\sigma}\right)$

Interessiert man sich für symmetrische Intervalle $P(\mu - a \leq X \leq \mu + a)$ um den Erwartungswert $\mu$, nutzt man oft folgende Beziehung:

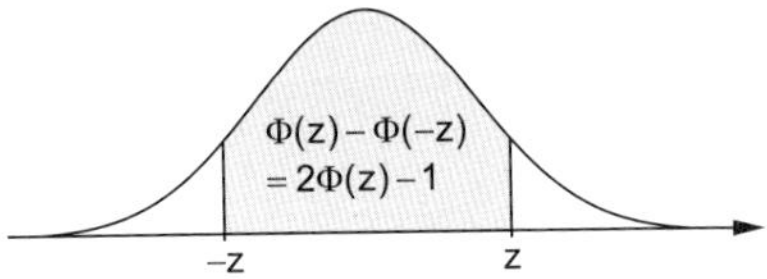


$\Phi(-z) = 1 - \Phi(z)$ und daher $\Phi(z) - \Phi(-z) = \Phi(z) - [1 - \Phi(z)] = 2\Phi(z) - 1$

## Approximation der Binomialverteilung durch die Normalverteilung

Ist X eine n-p-binomialverteilte Zufallsvariable mit dem Erwartungswert $\mu$ und der Standardabweichung $\sigma$, dann gilt bei genügend großem n für alle reellen Zahlen $z_0$:

$P(X \leq \mu + z_0 \cdot \sigma) \approx \Phi(z_0)$,

wobei $z = \frac{x-\mu}{\sigma}$ zu $x = \mu + z \cdot \sigma$ umgeformt wird.

Die Fläche unterhalb der Gauß'schen Glockenkurve entspricht nahezu den Wahrscheinlichkeiten.

*Hinweis:* Um abzuschätzen, wann n genügend groß ist, gibt es die **Laplace-Bedingung**: $n \cdot p \cdot (1-p) \geq 9$

Ist diese Bedingung erfüllt, darf die Normalverteilung verwendet werden.

Das Schokoladeneierbeispiel von Seite 81 wird noch einmal aufgegriffen.

10 % der Überraschungen in Schokoladeneiern sind Autos. Nun wählt man 800 Eier zufällig aus.

a) Wie groß ist die Wahrscheinlichkeit, dass höchstens 100 Autos als Überraschung in den Eiern auftreten?

b) Wie groß ist die Wahrscheinlichkeit, dass mehr als 80 und höchstens 100 Autos in den Eiern sind?

c) Wie groß ist die Wahrscheinlichkeit, dass mehr als 100 Autos in der Stichprobe vorkommen?

*Lösung:*

a) Die Anzahl der Autos in der Stichprobe ist eine 800-0,1-binomialverteilte Zufallsvariable.

Die Laplace-Bedingung $(n \cdot p \cdot (1-p) \geq 9)$ ist erfüllt:
$800 \cdot 0{,}1 \cdot 0{,}9 = 72$ und $72 \geq 9$

Für die Wahrscheinlichkeit, dass höchstens 100 Autos als Überraschung auftreten, gilt:
$P(X \leq 100) \approx \Phi(z_0)$

Es gilt:
$100 = \mu + z_0 \cdot \sigma$

$$\Rightarrow \quad z_0 = \frac{100-\mu}{\sigma} = \frac{100 - n \cdot p}{\sqrt{n \cdot p \cdot (1-p)}} = \frac{100 - 800 \cdot 0{,}1}{\sqrt{800 \cdot 0{,}1 \cdot 0{,}9}} = 2{,}3570\ldots$$

Mit dem CAS-Rechner ermittelt man den Wert $\Phi(2{,}357) \approx 0{,}9908$.

Die Wahrscheinlichkeit, dass höchstens 100 von 800 Schokoladeneiern Autos als Überraschung enthalten, beträgt ca. 99,1 %.

b) $P(80 < X \leq 100) = P(X \leq 100) - P(X \leq 80)$

Für $P(X \leq 80)$ gilt:
$80 = \mu + z_0 \cdot \sigma$

$$\Rightarrow \quad z_0 = \frac{80-\mu}{\sigma} = \frac{80 - n \cdot p}{\sqrt{n \cdot p \cdot (1-p)}} = \frac{80 - 800 \cdot 0{,}1}{\sqrt{800 \cdot 0{,}1 \cdot 0{,}9}} = 0$$

Mit dem CAS-Rechner ermittelt man den Wert $\Phi(0) = 0{,}5$.

$$\begin{aligned} P(80 < X \leq 100) &= P(X \leq 100) - P(X \leq 80) \approx \Phi(2{,}357) - \Phi(0) \\ &= 0{,}9908 - 0{,}5 = 0{,}4908 \end{aligned}$$

Die Wahrscheinlichkeit, dass mehr als 80 und maximal 100 Autos in der Stichprobe vorkommen, beträgt ca. 49 %.

c) $P(X > 100) = 1 - P(X \leq 100) = 1 - 0{,}9908 = 0{,}0092$

Die Wahrscheinlichkeit, dass mehr als 100 Autos in der Stichprobe vorkommen, liegt bei ca. 0,9 %.

# WS 4 Schließende/Beurteilende Statistik

Die **Schließende Statistik** wird eingesetzt, um Rückschlüsse von einer repräsentativen Stichprobe auf die Grundgesamtheit zu machen. So möchte man zum Beispiel über die durchschnittliche Lebensdauer einer Glühbirne Bescheid wissen, aber nicht jede einzelne Glühbirne diesbezüglich überprüfen.

Umgekehrt könnte es auch sein, dass man eine Information über die Grundgesamtheit hat und daraus auf eine Stichprobe schließen möchte. Man kann zum Beispiel in einer Stichprobe einen Parameter (z. B. Mittelwert) ermitteln. Sein wahrer Wert in der Grundgesamtheit ist unbekannt. Diesen möchte man abschätzen und mit einer gewissen Sicherheit in einem **Konfidenzintervall** angeben (häufig 90 %, 95 % Sicherheit).

Die Genauigkeit der Schätzung des Parameters hängt vom Konfidenzintervall ab. Je breiter ein Konfidenzintervall ist, desto höher ist die Wahrscheinlichkeit. Gleichzeitig ist die Schätzung aber auch nicht so aussagekräftig.

Das linke Diagramm zeigt das Würfelbeispiel zur Binomialverteilung von Seite 86. Das mittlere Diagramm verdeutlicht, dass die Wahrscheinlichkeit, zwischen 10- und 20-mal einen Sechser zu würfeln, ca. 83 % beträgt:
$P(10 \leq X \leq 20) \approx 0{,}83$

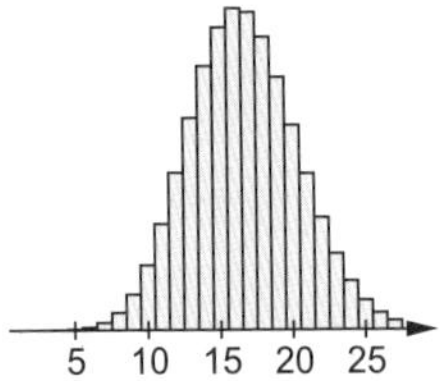


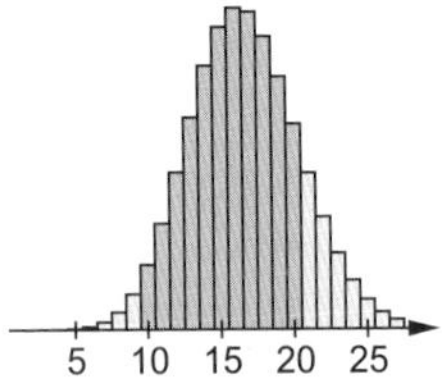


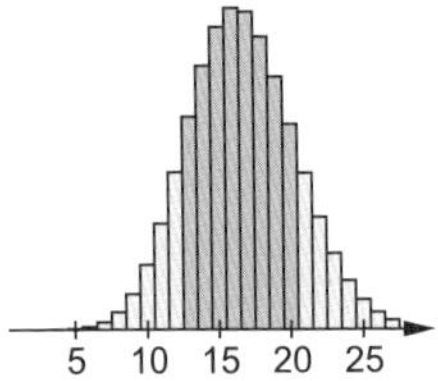


Oft sucht man nach symmetrischen Intervallen rund um den Mittelwert $\mu$, der hier ungefähr 16,7 ist. Die Standardabweichung $\sigma$ ist ungefähr 3,7. Die Wahrscheinlichkeit, dass die Anzahl der gewürfelten Sechser im Intervall $[\mu-\sigma; \mu+\sigma]$ liegt, ist $P(13 \leq X \leq 20) = 0{,}7185$ (siehe rechtes Diagramm), also ca. 70 %.

Im Folgenden werden Konfidenzintervalle behandelt, denen eine approximierte Normalverteilung zugrunde gelegt werden kann. Das bedeutet, die Laplace-Bedingung muss erfüllt sein.

## Approximatives Prognoseintervall für binomialverteilte Beobachtungen

Von einer binomialverteilten Zufallsvariable X seien beide Parameter (n und p) bekannt. Man möchte ein Intervall bestimmen, das den Wert der Zufallsvariable zu 95 % beinhaltet, d. h., es sind Zahlen c und d gesucht, sodass $P(c \leq X \leq d) = 0{,}95$ (zumindest approximativ) gilt. Ein solches Intervall nennt man **Prognoseintervall**.

Zur Erinnerung: Der Erwartungswert $\mu$ von X ist gleich $n \cdot p$, und die Varianz $\sigma^2$ von X ist gleich $n \cdot p \cdot (1-p)$. Daher ist $Z = \frac{X - n \cdot p}{\sqrt{n \cdot p \cdot (1-p)}}$ approximativ standardnormalverteilt.

Weiters soll das Intervall so gewählt werden, dass es symmetrisch um den Erwartungswert von X ist, also $c = \mu - a$ und $d = \mu + a$ gilt. Man sucht also ein $a > 0$, sodass $P(\mu - a \leq X \leq \mu + a) = 0{,}95$ gilt. Dazu formt man das Ereignis $\mu - a \leq X \leq \mu + a$ um:

$\mu - a \leq X \leq \mu + a \quad | -\mu \quad | : \sigma$ und es gilt: $X = Z \cdot \sigma + \mu$

$$\frac{-a}{\sigma} \leq Z \leq \frac{a}{\sigma}$$

Also gilt:

$$P(\mu - a \leq X \leq \mu + a) = P\left(\frac{-a}{\sigma} \leq Z \leq \frac{a}{\sigma}\right)$$

Für die rechte Seite gilt annähernd (siehe Seite 88):

$$P\left(\frac{-a}{\sigma} \leq Z \leq \frac{a}{\sigma}\right) = 2\Phi\left(\frac{a}{\sigma}\right) - 1$$

Nun muss man nur noch die Gleichung $0{,}95 = 2\Phi\left(\frac{a}{\sigma}\right) - 1$ nach a auflösen und erhält so:

$$a = \Phi^{-1}\left(\frac{1{,}95}{2}\right) \cdot \sigma = z \cdot \sigma$$

Der Wert für z wird dabei mit dem CAS-Rechner ermittelt. Das dazugehörige Prognoseintervall ist hiermit gegeben durch:

$[\mu - z \cdot \sigma; \mu + z \cdot \sigma]$

Sucht man nun allgemeiner ein $(1-\alpha)$ %iges Prognoseintervall mit $0<\alpha<1$, so wählt man:

$$\left[\mu-\Phi^{-1}\left(\frac{2-\alpha}{2}\right)\cdot\sigma;\ \mu+\Phi^{-1}\left(\frac{2-\alpha}{2}\right)\cdot\sigma\right],$$

wobei $\mu=n\cdot p$ und $\sigma=\sqrt{n\cdot p\cdot(1-p)}$.

Das Beispiel mit den Schokoladeneiern (Seite 88) wird fortgeführt. Man weiß, dass in einer Stadt pro Jahr ca. 2,5 Millionen Schokoladeneier verkauft werden. Bestimmen Sie ein 95 %iges Prognoseintervall für die Anzahl der Autos in den Schokoladeneiern.

*Lösung:*

Die Laplace-Bedingung ist erfüllt:

$2\,500\,000\cdot 0{,}1\cdot 0{,}9=225\,000>9$

Für Erwartungswert und Standardabweichung gilt:

$\mu=n\cdot p=250\,000,\quad \sigma=\sqrt{n\cdot p\cdot(1-p)}\approx 474$

Damit folgt für das Prognoseintervall ($\alpha=0{,}05$):

$$\left[\mu-\Phi^{-1}\left(\frac{2-\alpha}{2}\right)\cdot\sigma;\ \mu+\Phi^{-1}\left(\frac{2-\alpha}{2}\right)\cdot\sigma\right]$$

$$=\left[250\,000-\Phi^{-1}\left(\frac{2-0{,}05}{2}\right)\cdot 474;\ 250\,000+\Phi^{-1}\left(\frac{2-0{,}05}{2}\right)\cdot 474\right]$$

$$\approx[250\,000-1{,}96\cdot 474;\ 250\,000+1{,}96\cdot 474]$$

$$=[249\,070{,}96;\ 250\,929{,}04]$$

Die Anzahl der Autos in den Schokoladeneiern in dieser Stadt liegt mit 95 %iger Wahrscheinlichkeit zwischen 249 071 und 250 929.

### Approximatives Konfidenzintervall für den Parameter p einer Binomialverteilung

Die Zufallsvariable X sei binomialverteilt mit Parametern n und p, wobei p unbekannt und n bekannt ist, und man möchte ein 95 %iges Konfidenzintervall für p ermitteln. Es ist bereits bekannt, dass der relative Anteil $h=\frac{X}{n}$ ein vernünftiger Schätzer für p ist.

Um ein Konfidenzintervall zu bestimmen, sucht man nun eine Zahl $c>0$, sodass $P(h-c\le p\le h+c)=0{,}95$ ist.

Dieses Ereignis wird betrachtet:

$$h - c \le p \le h + c \qquad \text{(Multiplikation mit n und } h \cdot n = X\text{)}$$
$$X - c \cdot n \le n \cdot p \le X + c \cdot n \qquad \text{(Subtraktion von X und } n \cdot p = \mu\text{)}$$
$$-c \cdot n \le \mu - X \le c \cdot n \qquad \text{(Multiplikation mit } -1\text{)}$$
$$-c \cdot n \le X - \mu \le c \cdot n \qquad \text{(Division durch } \sigma\text{)}$$
$$-\frac{c \cdot n}{\sigma} \le \frac{X-\mu}{\sigma} \le \frac{c \cdot n}{\sigma}$$

Also ist $P(h - c \le p \le h + c) = 0{,}95$ äquivalent zu:

$$P\left(-\frac{c \cdot n}{\sigma} \le \frac{X-\mu}{\sigma} \le \frac{c \cdot n}{\sigma}\right) = 0{,}95$$

Die Zufallsvariable $Z = \frac{X-\mu}{\sigma}$ ist annähernd standardnormalverteilt, d. h., es gilt:

$$P\left(-\frac{c \cdot n}{\sigma} \le \frac{X-\mu}{\sigma} \le \frac{c \cdot n}{\sigma}\right) \approx 2\Phi\left(\frac{c \cdot n}{\sigma}\right) - 1 = 0{,}95$$

Diese Gleichung wird nach c aufgelöst:

$$c = \Phi^{-1}\left(\frac{1{,}95}{2}\right) \cdot \frac{\sigma}{n}$$

Da man p und somit $\sigma = \sqrt{np(1-p)}$ nicht kennt, ersetzt man nun p durch dessen Schätzer $h = \frac{X}{n}$. Das Konfidenzintervall ist nun gegeben durch:

$$\left[h - \Phi^{-1}\left(\frac{1{,}95}{2}\right) \cdot \frac{\sqrt{n \cdot h \cdot (1-h)}}{n};\ h + \Phi^{-1}\left(\frac{1{,}95}{2}\right) \cdot \frac{\sqrt{n \cdot h \cdot (1-h)}}{n}\right]$$
$$= \left[h - z \cdot \sqrt{\frac{h \cdot (1-h)}{n}};\ h + z \cdot \sqrt{\frac{h \cdot (1-h)}{n}}\right]$$

Sucht man ein $(1-\alpha)$ %iges Konfidenzintervall mit $0 < \alpha < 1$, so wählt man:

$$\left[h - \Phi^{-1}\left(\frac{2-\alpha}{2}\right) \cdot \sqrt{\frac{h \cdot (1-h)}{n}};\ h + \Phi^{-1}\left(\frac{2-\alpha}{2}\right) \cdot \sqrt{\frac{h \cdot (1-h)}{n}}\right]$$

*Hinweis:* Häufig braucht man die z-Werte für diese Wahrscheinlichkeiten:

| Konfidenz | z-Wert |
|---|---|
| 90 % | 1,65 |
| 95 % | 1,96 |
| 99 % | 2,58 |

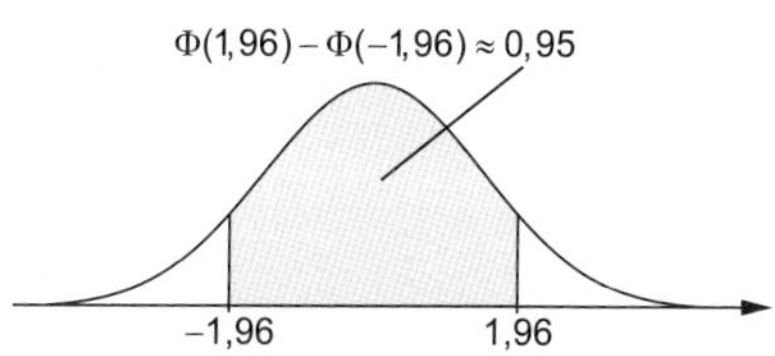

Um herauszufinden, wie groß der relative Anteil p österreichischer Schüler/innen ist, die täglich Sport betreiben, wurde eine Umfrage mit 1 000 zufällig ausgewählten Schüler/innen durchgeführt. Sie wurden gefragt, ob sie täglich Sport betreiben. 140 Schüler/innen beantworteten die Frage mit „Ja". Diese Zahl kann als Realisierung einer binomialverteilten Zufallsvariable mit Parameter p und n = 1 000 modelliert werden.
Berechnen Sie auf Grundlage dieser Stichprobe ein 90 %iges Konfidenzintervall für den Anteil p derjenigen österreichischen Schüler/innen, die täglich Sport machen.

*Lösung:*

$h = \frac{140}{1000} = 0{,}14$

$$\left[0{,}14 - \Phi^{-1}\left(\frac{2-0{,}1}{2}\right) \cdot \sqrt{\frac{0{,}14 \cdot (1-0{,}14)}{1000}}; 0{,}14 + \Phi^{-1}\left(\frac{2-0{,}1}{2}\right) \cdot \sqrt{\frac{0{,}14 \cdot (1-0{,}14)}{1000}}\right]$$

$$= \left[0{,}14 - 1{,}65 \cdot \sqrt{\frac{0{,}14 \cdot (1-0{,}14)}{1000}}; 0{,}14 + 1{,}65 \cdot \sqrt{\frac{0{,}14 \cdot (1-0{,}14)}{1000}}\right]$$

$$\approx [0{,}122; 0{,}158]$$

Das bedeutet: Würde man sehr viele Stichproben von jeweils 1 000 Schüler/innen machen, würde in 90 % der Fälle der wahre Anteil der Schüler/innen in diesem Intervall liegen.

# Stichwortverzeichnis